やんばる学入門

沖縄島・森の生き物と人々の暮らし

盛口　満＋宮城邦昌

木魂社

やんばる学入門

はじめに

「やんばる学……といった本を書きませんか？」

本書の出版元である木魂社の社長から、そのような話を投げかけられた時は、正直、躊躇を覚えた。

この本を手に取ってくださった皆さんは、少なくとも「やんばる」という言葉が何を意味しているかはご承知のことだろう。やんばるとは、沖縄島北部一帯を指す地名（どこからどこまでを指すかについては後述する）である。沖縄県民なら、やんばるという言葉を聞いたことがない人はいないだろう。ただ、やんばるという言葉が、県外では、いったいどのくらい程度、認知されているのかについて僕は知らない。また、本書を手に取ってくださった方でも、やんばるについてどのくらいご存じであるかは、人それぞれであるだろう。まだ実際にはやんばるに行かれたことがない方もいらっしゃるに違いない。（だからこそ、やんばる学と題された本を手に取られた方もおられるだろうし）。

そもそも、沖縄自体、一般には、どのくらい、どんな風に認知されているのだろうか。

「沖縄って、南の島だと思っていたけれど、来てみたら、都会だった」

実際に、そんな感想を耳にしたことがある。この感想には、うなずけるところがある。僕も住んでみるまで、ここまで都会であるとは思っていなかったからだ。県庁所在地の那覇市を中心とした沖縄島中南部の一帯は、それこそ首都圏なみの人口密度なのである。一方、一口に沖縄といってもいろいろである。沖縄は多くの島からなるから、それこそ、島によって環境は異なっている。島内のほとんどが森におおわれた西表島のような島もあれば、全島がほぼサトウキビ畑の南大東島のような島もある。沖縄島に目を向けてみても、県内で一番大きな沖縄島は南北に細長く、一つの島の中でも南北で環境はかなり異なっている。沖縄島南部に位置する那覇一帯は大都市であるが、本書の対象となる北部のやんばるは山がちで森が広がっている。

千葉県生まれの僕が、沖縄島・那覇に移住して十六年になる。沖縄に移住後、もう幾度となく、やんばるの森に通った。僕は小さなときから生き物好きで、それが高じて大学では生物学科に通い、卒業後は理科教員への道を歩んだという履歴を持っている。そもそも沖縄に移住したのも、沖縄の自然と、沖縄の人と自然のつながりにひかれてのことであった。

ただし、のっけに白状をしておくと、何度通っても、大手を振ってやんばるのことを紹介できるほどの知識が自分にあるとは思えない。これが、本書を執筆するのをためらわせた第一の理由である。僕の大学での専攻は森林生態学である。それ以外に、小さなときから虫や貝といった小動物にも興味を持っていた。しかし、そこに棲んでいる生き物だけを対象としたとしても、やんばるには実に様々な、しかも興味深い生き物たちが多数いる地域なのだ。そのすべてを見ているわけではないし、ましては説明できる知識も持ちあわせていない。本書の内容の前半部は、やんばるの生き物についての解説であるが、全ての生き物を網羅できているわけではないことをご承知おき頂けたらと思う。ただ、その欠点を補うべく、できるだけ独自の解説を試みることにした。

本書の執筆をためらわせたもう一つの理由は、書名にやんばる学という題を頂いた場合、内容が僕の専門外である、やんばるに暮らす人々の文化や歴史にも及ぶという事が明らかだったからだ。

ところが、おもしろいことに、このことが逆に、結果として僕を本書の執筆を手掛ける動機にもなった。

僕が本書を手掛けようと思ったのは、共著者の宮城邦昌さん（普段はクニマサさんと呼んでいるため、本書でも以下、そのように表記したい）の存在があったからだ。クニマサさんとは、沖縄移住後、知人を介して知り合った。そして以後、やんばるの土地に暮らす人々の自然との関わりあいについて、実に多くのことをクニマサさん自身や、クニマサさんの知己の方々から教わってきた。やんばる最北部、奥に生まれ育ち、以後、気象技術者という沖縄の自然と真正面からかかわりあう仕事を続けてこられたクニマサさんという「内部」の人間と、本土出身である「外部」の人間の僕がコラボをすることで、これまでにない〝やんばる〟についての入門書を書けるのではないかと思ったのである。クニマサさんは一九四八（昭和二十三）年生まれである。本文の中で明らかになると思うが、クニマサさんは、古くからのやんばるの人々の暮らしを知る、最後の世代の一人である。そんなクニマサさんが、コラムという形で本書に挿入している貴重な体験談を読んでもらう事こそ、なによりのやんばる案内なのではと思う。

この本の中で、「外部」たる僕は、やんばるとはどこで、どんなところなのかという、いわば外堀にあたる部分を、他地域や、その他もろもろの比較物をとりあげながら、埋めていくことにしたい。本書の前半はやんばるの生き物の話から始め、徐々にやんばるの人々の暮らしの話へとつなげていくという構成をとっている。また、その要所、要所にクニマサさんの手になるコラムを挟み込んでいる。

どのような地域であれ、その土地固有の自然と、その自然と深い関わりを持った人々の暮らしがあるはずだ。そのような点から、本書はやんばるという一地域のガイドではあるものの、本書で紹介したようなことが、そのほかの地域ではどうであるのかという問いかけとして読んでいただけたらとも思っている。

なお、本書は執筆するにあたって多くの方の著作を参考にさせていただいた。文中、参考にさせていただいた著作名は、当該箇所で一つ一つ明らかにすべきところであると思うものの、読みやすさを優先し、引用についての記述は最低限とさせていただき、残りの多くのものは引用文献リストで紹介させていただく形をとらせていただいた。ご了承いただけたらと思う。(盛口満)

やんばる学入門　目次

五章　人々の暮らしと自然……169

六章　やんばるの人々の暮らし……215

カバー絵・イラスト／盛口　満

一章　やんばるの自然

ヤンバルクイナ

1 やんばるとはどこか

僕は現在、沖縄・那覇市にある小さな私立大学の教員をしている。教え子たちのほとんどは、沖縄島中南部出身の学生たちだ。ある日、その学生たちと一緒に、マイクロバスで、やんばるへ、野外実習にでかけることにした。当日、二八名乗りのバスは、参加する学生で満員となっていたが、その中に県外の大学からの交換留学生が一人だけ、交じっていた。

「ところで、沖縄に来るまで、やんばるって、知っていた?」

僕は、ふと思いついて、彼にそう聞いてみることにした。

「知らなかったです。ヤンバルクイナしか知らなかったから、やんばるって、地名と思わなくて、固有名詞だと思っていました」

そんな答えに、なるほどと、思う。

沖縄島北部一帯を、やんばると呼ぶ。しかし、どのくらいの人が、やんばるとはどんなところであるかということについて、知っているのだろう。

やんばるとは、どこか。

はたまた、どんなところか。

実は、この点については、県内出身の学生であっても、きちんとわかっているとは言いがたい。試しに学生たちに沖縄島の白地図を配って、「やんばると呼ばれる一帯を塗りつぶすこと」という問題を出してみたら、かなりばらばらの回答となったことから、それがわかる。中には、僕かららすると、「ええっ?」と思わざるを得ない回答も見受けられた。

『沖縄大百科事典』で「山原(やんばる)」の項目を引いてみる。

「沖縄島北部、国頭郡の俗称。俗に島尻を下方(シモカタ)、中頭を田舎と呼ぶのにたいして国頭を山原という」

このように書かれている。国頭郡とは町村名でいえば国頭村、大宜味村、東村、今帰仁村、本部町、恩納村、金武町と、この範囲に含まれる名護市にあたる。地図にあるように、この定義によると、沖縄島の三分の二ほどもがやんばるに含まれる。

このやんばるの定義は歴史的なものである。例えば、琉球王朝時代に編纂された、琉歌を集めた「おもろそうし」をひもとくと、巻の十七は「恩納より上のおもろ」となっており、恩納以北が、そのほかの地域とは区別されていたことがわかる。

ただし、定義というのは多義的な場合がある。「やんばるとはどんなところか」に注目した場合、やんばるの範囲は変化することがある。そこに棲んでいる生き物を基準とすると、やんばるの境界は、恩納村よりも北上することになるのだ。『野生動物保護の辞典』に記載された「沖縄―沖縄島やんばる―」の項を引用すると、同書の中では、やんばるを「沖縄島北部の大宜味村塩屋と東村平良以北の地域」と定義しているのである。やんばるに対して、この定義が使用されるのは、やんばるを代表とするヤンバルクイナなど固有の生息地が、その境界以北でしか見られないからだ。

以上のことをまとめると、やんばると一言で言っても、その指し示す範囲には、以下のようなバリエーションがあることになる。

① 個々のイメージ：ばらばら
② 歴史的な定義：琉球王朝時代には恩納以北
③ 生物相に注目した定義：塩屋湾以北

以後、本書の中では、歴史的な定義を尊重しつつも、固有の生物相が見られる塩屋湾以北の地域を主に取り上げることにしたい。ちなみに、クニマサさんの出身地はやんばるを構成する市町村の中でも最北に位置する国頭村の、さらにまた最北の集落となる奥である。

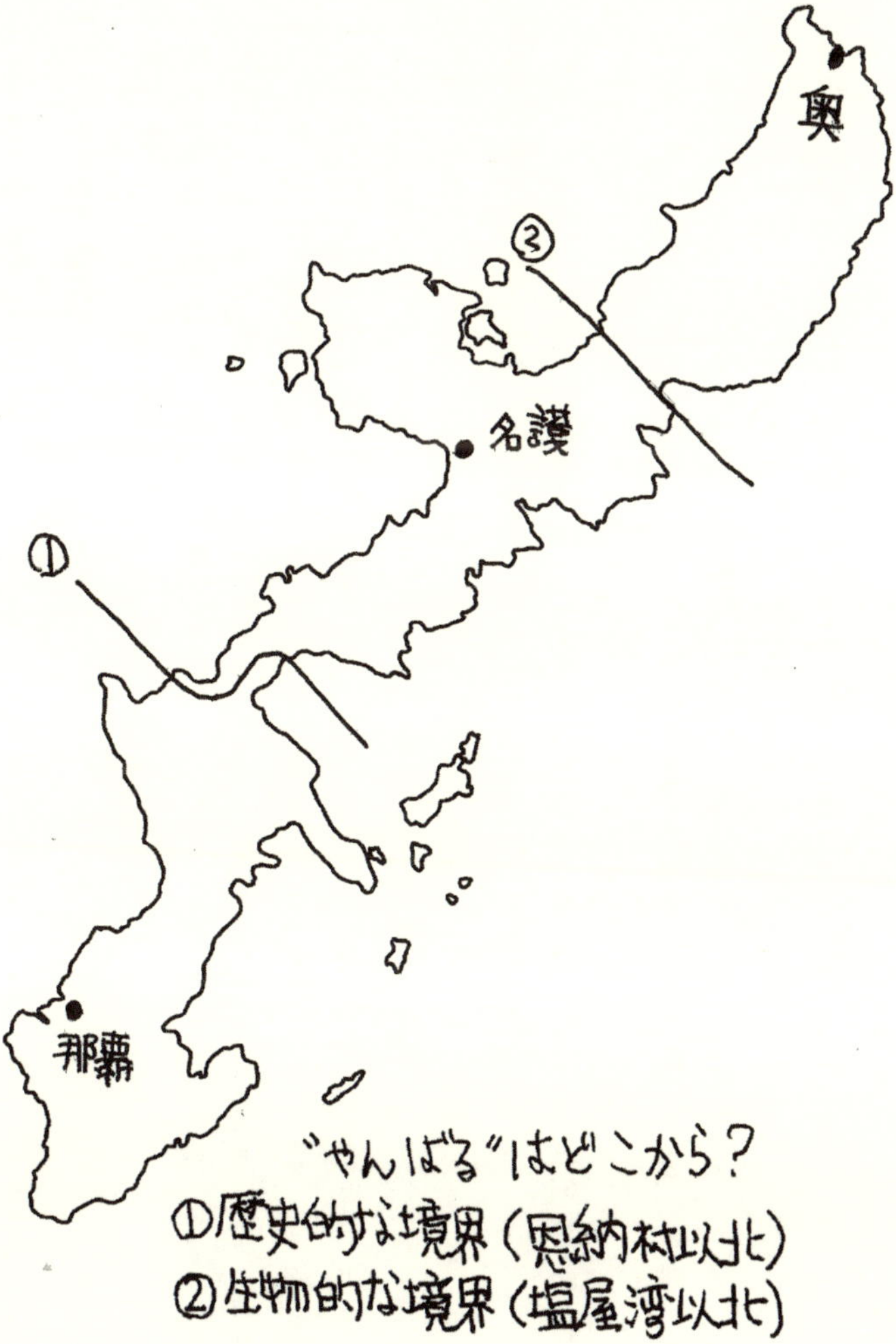

"やんばる"はどこから？
①歴史的な境界（恩納村以北）
②生物的な境界（塩屋湾以北）

コラム：奥の概略

僕の出身地である、奥についての概要を説明したい。

国頭村・字奥は、県都那覇から沖縄島の西海岸沿いに北上すると、最北端にある辺戸岬の東側に位置したところにある。奥は国道五八号線（鹿児島県を起点としている）の沖縄県内での起点であって、終点の那覇までの距離は約一三〇キロメートルである。奥集落は太平洋に注ぐ奥川河口に形成された扇状地の左岸に開かれ、海上に鹿児島県与論島や沖永良部島を望む県境の集落でもある。

現在のように国道が開通する以前の奥集落は、地理的にも地形的にも恵まれているとは言えなかった。周囲の集落との連絡は山々の尾根や谷を伝って山道を辿って行くか、海路を船で辿るかしかなかったからだ。

ただ、奥は沖縄島最北端の集落である。鹿児島県に所属する与論島は目と鼻の距離にある。そのため、琉球王朝時代から北に与論島、沖永良部島へ向かう航路（北航路）が存在した。また東回りで勝連半島や与那原へむかう東航路もあった。さらに西回りで本部半島を経由しての那覇への航路と、三つもの航路が奥を起点として存在したのである。先に書いたように、奥は山林に囲まれている。そのため奥では、これらの航路を利用して豊富な林産物を搬出し、帰りは生活物資を運び込んで、生活を維持することができた。ただし、欠点もあった。北側に開いた奥湾は、冬場の北東からの季節風をまともに受けてしまうのだ。また夏場の台風の接近なども海上交通の弊害となった。

こうした波浪が激しい折の奥湾での船の係留に心を痛めていた奥の先人達は、隣の宜名真集落沖で一八七二年一〇月に、台風に遭遇し遭難沈没した外国船のウプハナグ（大碇）があることを知り、奥湾での船の係留に、このウプハナグを利用することを思いついた。そして、実際に、一八七二（明治五）年にウプハナグは奥まで運ばれ、以後、船の係留に活用されることになる。ちなみに遭難沈没したのはイギリス船で、当時は外国のことをウナンダ（オランダ）と呼んでいたので、この大碇のことを奥ではウナンダハナグと呼んでいる。なお、ウナンダハナグは一九五五年にトラック輸送に移行したのち、その役割を終え、一九八〇年には港湾整備の際に邪魔になるからという理由で陸上に引き上げられた。現在はメーバマ（前浜）の入り口の台座に移設、展示されている姿を見ることができる。

集落の南には標高四二〇メートルの西銘岳がそびえ立っている。南から北へ、西銘岳の東裾野を源流とする奥川が流れ、流域の扇状地は肥沃な水田地帯として利用された。ただし、扇状地は狭隘であり、水田から得られる米だけでは十分な食料の確保には至らなかった。そのためかつては、奥川を取り囲む山々の標高一〇〇メートル程までには段畑が拓かれ、芋や栗などの作物を栽培し食糧を確保していた。

一方、周囲の山からは、イノシシが出没し農作物を荒らし、集落の人々を悩ませた。農作物を護るための人々とイノシシの攻防は、一九〇三年に、糸満盛邦翁の提案で、集落の周囲に長大な猪よけの垣根を構築することに至った。

このようにイギリス船の大碇設置による船舶の安定係留による林産物の搬出の安定化と、生活物資の搬入の大量輸送の実現、共同イノシシ垣による農作物の安定確保など多くの成果を得て、一九〇六年に糸満盛邦翁の提言で創設されたのが集落民の共同出資によりつくられた共同店である。奥共同店は沖縄県内での共同店開設の元祖として大きな役割を果たすとともに、奥集落の発展に貢献し続けて、二〇一六年で百十周年を迎えた。奥に来られる機会があったら、ぜひ共同点に立ち寄ってみてほしい。また共同点の向いには、奥ヤンバルの里交流館（二〇〇一年開館）があり、その中には奥の民俗や歴史を紹介する資料館が設置されているので、そこにも足を進めていただくことをお勧めしたい。


（宮城）

2 やんばるとはどんなところか

やんばるが指し示す範囲について確認をしたところで、次にやんばるとはどんなところかを考えてみることにしよう。

「どんなところか」ということについての解説の視点はいろいろありうる。本書では、「どんなところか」について、まず、「どんな生き物が見られるところか」という視点から見てみることにしたい。

岡山県の中学生数名が、修学旅行の折、「沖縄の自然についての話を聞かせてください」と勤務先の大学を訪ねてきたことがある。そこで、逆に「沖縄の生き物と聞いたら、どんな生き物のことを思い浮かべる?」と尋ね返してみた。すると、しばらく考えた後、「ヤンバルクイナ、イリオモテヤマネコ、ノグチゲラ」という答えが返された。確かに、これらの生き物は、沖縄を代表する生き物と言っていいだろう。

学生たちにも、「沖縄の生き物と聞いたら、どんな生き物の名を思い浮かべるか」というアンケートを取ってみることにした。その回答の集計結果は以下のようになった(一人三つまで回答)。

ヤンバルクイナ　77人（96・3％）
イリオモテヤマネコ　44名（55％）
ハブ　33名（41・3％）
ノグチゲラ　20名（25％）
マングース　14名（17・5％）
ヤンバルテナガコガネ　11名（13・8％）
グルクン　6名（7・5％）
ゴキブリ　4名（0・5％）
ジンベエザメ　4名（0・5％）

《そのほか、少数意見：デイゴ、オオゴマダラ、オニヒトデ、ウリミバエ、ジュゴン、ヤモリ、トントンミー（トビハゼ）、イモリ、マンタ、ワシ、ウミガメ、タイワンキドクガ、アフリカマイマイ、アグー、キノボリトカゲ》

注：総数80名へのアンケート結果。％は総数に対して占める割合。

岡山の中学生の抱いていた「沖縄の生き物」のイメージと、沖縄の大学生の抱く「沖縄の生き物」のイメージには、ほとんど差がないことが、上記からわかる。また、一般の人が抱く「沖縄の生き物」の代表が、ヤンバルクイナであることもわかる（ただ、別の機会に同じ琉球列島でも鹿児島県に所属する徳之島の小学生に沖縄の生き物について質問をしたところ、ヤンバルクイナの名前を知っている子どもはほとんどいなかった。同じ琉球列島の島々の子どもたちでも、このような認識の違いがある）。

さて、岡山の中学生とのやり取りの中で、「みんなは沖縄の生き物といったら、ヤンバルクイナ、ハブ、ノグチゲラの名前をあげてくれたよね。イリオモテヤマネコは西表島固有のものだからおいておくとして、周囲をみわたして、このまわりにヤンバルクイナはいると思うかい？」と、再び問いを投げかけてみた。その問いを受けて、中学生たちは一斉に首を横に振っていた。僕の勤務している大学は、県庁所在地那覇の中でも、都市化が進んだ一角に所在している。そのため、周囲を見渡しても、見えるのは、コンクリートで固められた建造物（沖縄の都市部は、度重なる台風被害のため、建物のコンクリート化が進んでいる）やアスファルトで覆われた道路ばかりだ。

ちなみに、大学に近接している中学で、中学一年生に「通学路で普段見かける生き物は何か？」と聞いたことがある。このとき、返された答えは「犬、猫、ハト、ゴキブリ、草」というものだった。

「やんばるはどんなところか」という問いには、以上のことから、いくつか段階を追って答えていかなければならないことがあることがわかる。
沖縄は南の島である。そのため、沖縄の生き物の中には「南だから見ることのできるもの」がある。さらには、「島だから見ることのできる特有のもの」もある。ところが、同じ沖縄でも、大学のある南部と、北部にあるやんばるでは見ることのできる生き物に違いがある。さらに付け加えると、やんばるでは「どんな生き物が見られないか」という点にも注意をしたい。これらの具体的な内容については、追って説明をしていくことにしよう。

「沖縄の生き物」の代表ともいえる生き物がヤンバルクイナだ。ヤンバルクイナは一九八一年に発見され一躍有名になったやんばるの固有種である。ヤンバルクイナは発見後ただちに沖縄県の、ついで国の天然記念物に指定され保護されることになった。しかし、もともとヤンバルクイナの存在は、やんばるの人々にとっては知られており、アガチといった方言名も与えられていた。また「発見」以前には、時に捕獲したヤンバルクイナを食べることもあった。この点について、クニマサさんの貴重な証言を紹介したい。

コラム：食いはぐれたヤンバルクイナ

僕がアガチ（ヤンバルクイナ）を見たのは、小学一年生の頃である。家の隣の前蔵ン根屋敷を営林署の仮事務所としていたころである。その営林署の係官の助手をしていたのが新里仁一（一九三五年生）で、かれはヤマシ（イノシシ）猟もしていた。猟の多い冬場などは、ヤマシの腿肉を軒下につるし、時々ナイフで切り取り料理して食べていたりした。ところがある日、猟にいったはずの仁一らが持ち帰ってきたのは、くちばしと脚の赤い、当時、奥でよく飼われていたブルモースというニワトリの品種によく似た白黒模様の鳥二羽だった。それはまだ生きていたが、結局、煮て食べてしまった。これはヤンバルクイナが天然記念物に指定されたはるか昔の話である。このとき僕は食べなかったのだが、今思えば、ヤンバルクイナの肉を食べる貴重な機会だったのに……と少し後悔している。

（宮城）

3 ドングリの不在

再度、野外実習の折の車中に場面をもどし、その場での学生とのやり取りを、紹介したい。

学生たちを野外実習に連れ出した目的を、車中で説明することにする。

「沖縄島では、南部と、北部では森の様子も違っている。沖縄島中南部出身のみんなにとって、ドングリはなじみがないものだと思うけど、今日行く、やんばるの森には、ドングリをつける木の仲間もあるから、それを観察してみよう」

そんな話をする。この説明を聞いて、県外出身の学生Tが驚いていた。「ドングリって、珍しいものなの?」と。

本土では、二次林にせよ、原生的な森にせよ、ドングリをつける木は珍しくない。里山と呼ばれる人里周辺の環境の中で、定期的に伐採されることで形作られた雑木林も、主役となる樹種はコナラやクヌギなど、ドングリをつける木だ。森や林に限らず、学校の校庭や公園などでも、季節になればドングリを落とす木が目に入るから、本土在住の人々にとっては、ドングリなんて、「あたりまえ」の存在であり、そのこと自体、普段、意識されることもないだろう。

ところが、沖縄島中南部の場合、ドングリをつける木を目にすることがなかなかない（全く生えていないわけではないが、後述するように、限られた樹種が局所的に生育しているだけであり、人家周辺に植栽されていることもほとんどない）。ドングリをめぐるやりとりの中で発せられた、「ドングリってどこかに売っていたりするの？」「えっ？　拾えるの？　普通に落ちているものなの？」といった県内出身学生たちの声に、端的にそんな事情が見て取れる。

ここで、少しドングリについて説明をしておいたほうがいいように思う。

やんばるはどこからどこまでかという点について定義があったように（そして、その定義が場合によって異なったように）、ドングリとは何かについても定義がある（そして、実は人によって採用している定義が異なる）。

ドングリというのは、大まかに言えば、ブナ科の植物がつける実のことをさす。ブナ科としてまとめられている植物は、コナラ属、マテバシイ属、シイ属、クリ属、ブナ属に分けられている。このうち、どのグループのつける実をドングリと呼ぶかについて、人による違いが見られるのだ。例えば、ブナ科のつける実をすべてドングリと呼んで構わないという考え方を採っている人もいる。僕の場合は、コナラ属とマテバシイ属のつける実のことをドングリと呼ぶという定義を採用している。

日本全体を見渡すと、ブナ科には次のような種類があることがわかる。

コナラ属・・15種
マテバシイ属・・2種
シイ属・・2種
クリ属・・1種
ブナ属・・2種

ブナ属のブナとイヌブナは冷温帯林に特徴的な樹種で、北海道南部以南に分布し、東北地方では優占するが、暖地においては標高の高いところに限られ、九州を分布南限としている。当然、沖縄には分布していない。クリ属のクリは、雑木林でもよく見られ、人家周辺にも植栽されることの多い木だが、やはり沖縄には分布もしていないし、植栽されることもない。

県内出身の学生の中には「沖縄にドングリをつける木はない」と思い込んでいる者もいるのだが、そんなことはなく、沖縄には以下のブナ科の植物が分布している。

コナラ属・・4種（ウバメガシ、アマミアラカシ、ウラジロガシ、オキナワウラジロガシ）
マテバシイ属・・1種（マテバシイ）

シイ属・・1種（オキナワジイ）

＊注：アマミアラカシは本土で見られるアラカシの亜種。オキナワジイは本土で見られるスダジイの亜種で、イタジイとも呼ばれる。

上記のブナ科の植物のうち、ウバメガシは、沖縄島に隣接する伊平屋島・伊是名島にほぼ分布が限られているので、やんばるの森では残りの五種が見られることになる。

アマミアラカシはヤンバルの中でも、本部半島の嘉津宇岳周辺や、大宜味村のネクマチヂ岳周辺など、石灰岩地に分布が限られているのが特徴的である。またウラジロガシはやんばるの森の中では個体数が少なく、なかなか目にする機会がない。マテバシイは尾根筋など、やや乾燥した立地に多く見られる樹種で、逆にオキナワウラジロガシは谷筋など湿潤な平坦地で多くみられる。なお、

アマミアラカシ

オキナワウラジロガシの分布は奄美大島から石垣・西表島にかけてに限られている。オキナワウラジロガシはこの地域固有の種類で、本土では見ることができない。また、オキナワウラジロガシのドングリは、日本で一番大きいものである。加えて、コナラ属、マテバシイ属に近縁のシイ属に属しているオキナワジイが、ヤンバルの中では一番多く目にする樹種で、この木は、やんばるの森の主役といってもいい。

4 沖縄島の概観

先に、やんばるの森の中でも、アマミアラカシは石灰岩地に限られて見られるということを書いたが、このことが、沖縄島中南部のドングリの不在とかかわっている。沖縄島中南部は古くから人の開発が進み、ほとんど森が

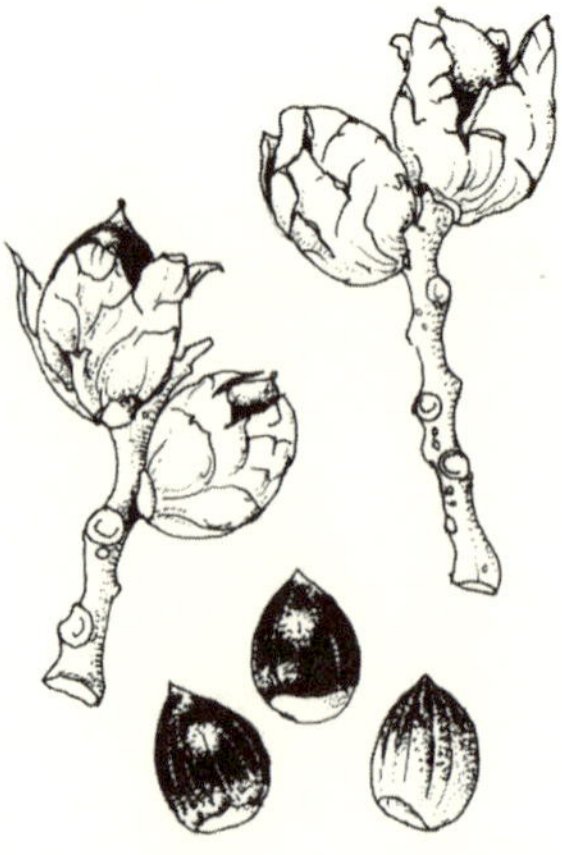

オキナワジイ

オキナワジイ

残っていない。加えて、沖縄島中南部には、石灰岩地が広がっている。石灰岩に含まれる豊富なカルシウムは、植物の種類によっては忌避されるため、石灰岩地には特有な植物群落がみられることがしばしばある。一般的にブナ科の木々は石灰岩地を好まないようで、その中にあって例外的にアマミアラカシは沖縄島中南部でも一部の森で生育が見られる。ブナ科が石灰岩地を好まないということを裏付けるように、那覇の沖合に浮かぶ、非石灰岩からなる渡嘉敷島では、マテバシイやオキナワジイの生育している姿を見ることができる。

ここで、沖縄島から沖縄の他の島にも目を少し向けてみることにする。沖縄の島々は、大きく、低島と高島に分けることができる。

・低島は主に低地や台地からなる島のことである。
・高島は主に山地や丘陵からなる島のことである。

低島と高島について、もう少し説明を加えておこう。『琉球弧をさぐる』(目崎茂利　一九八五)によると、高島は山地・丘陵が少なくとも島の面積の過半を占めるものとされている。また、山地とは、起伏量が二〇〇メートル以上のものとされ、それ以下が丘陵とされている。なお、同書ではさらに、起伏量が一〇〇メートルから二〇〇メートルのものは、大起伏丘陵、それ以下を

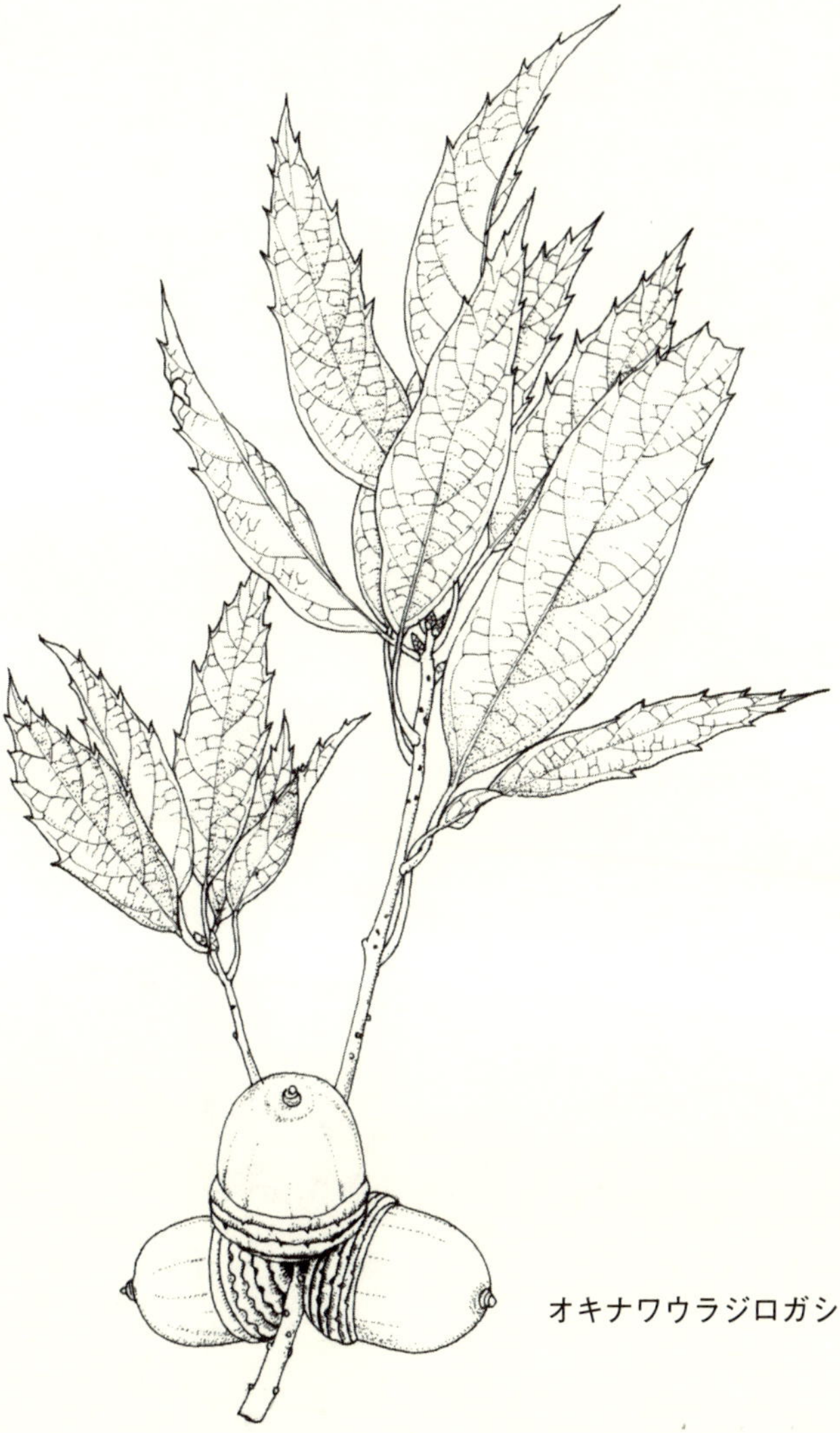

オキナワウラジロガシ

小起伏丘陵と分けている。

また、八重山では、古く、低島と高島を「ヌングンジマ」と「タングンジマ」と呼びならわしていた。ヌングンジマとは野国島という意味であり、タングンジマとは田国島という意味になる。山のある高島には川があるため、水田が作れることから田国島という呼び名が生まれ、一方、全体的に平坦な島では、川がなく、稲作は難しく、畑作中心の暮らしが営まれたので野国島という呼び名が生まれたのである。沖縄の島々を見渡すと、西表島を代表として、先の渡嘉敷島などが高島に分類でき、一方、宮古島を典型として、竹富島、波照間島などが低島に分類できる。石垣島や沖縄島といった島では、一つの島の中に両者の性質が見られるが、全体的には高島の特徴が優勢と言っていいと考えられる。

沖縄島は、中南部と北部（やんばる）では地質や地形、森の様子が大きく異なっている。一言でいうなら、低島的な中南部と、高島的な北部が合わさった島と言える。

『琉球弧をさぐる』には、具体的に低島と高島を比較できる数値が紹介されている。

低島の例としてあげた、竹富島と波照間島は、ともに石灰岩からなる台地が島の一〇〇％を占めている低島の典型例である。一方、高島の場合、洋上アルプスの異名もある屋久島の場合は、島の面積の八三％を山地が占めているが、島によって、山地と丘陵の占める割合は様々である。数値を挙げると、西表島の場合は、山地の占める割合が六九％、丘陵の占める割合は一三％となっている。渡嘉敷島の場合なら、丘陵の占める割合が九二％となっている。一方、沖縄島の場合は、山地の占める割合は一五％、丘陵の占める割合は四八％となっている。

ここで、沖縄島の概観について、簡単にまとめておこう。

中南部は石灰岩地が優占しているのが特徴的で、標高二〇〇メートル以下のなだらかな地形が広がる。このような地形であるため、古くから人々の開発が進み、人口も多い。また、沖縄戦による戦禍も受けた地域である。このため原生的な森はほとんど残っておらず、特に沖縄島南部においては、まとまった森は段丘斜面などに限られている。森でよく見られる樹種はクワ科のガジュマルやホソバムクイヌビワ、クスノキ科のタブ、ヤブニッケイなどであり、アマミアラカシを除き、ブナ科の樹種を見ない。

北部では石灰岩地は一部であり、その石灰岩地も中南部の石灰岩地が新しい時代の琉球石灰岩であるのに対し、古生代に堆積した年代の古い石灰岩である。地形的には山地が多く、海岸平野は狭い。また山地といっても標高はそれほど高くはなく、最高峰は与那覇岳の五〇三メートルである。川沿いの平坦地ごとに集落が発達しており、中南部に比べ人口は少ない。森の主役はオキナワジイであり、尾根部にはマテバシイ、谷部にはオキナワウラジロガシなど、他のブナ科樹種も見られる。

コラム：奥の山

奥集落は北に開けた奥湾に南から注ぐ奥川の河口周辺にあるが、奥の区域は、西銘岳頂上を頂点として、東尾根と西尾根に囲まれた範囲内（その中心に奥川が流れている）全体である。

奥川の西側には、イチリンパナシジと呼ばれる小尾根があり、この尾根はチヌプクガー（チヌプク川）から立ち上がり、南に延びて西尾根と合流し西銘岳へと繋がる。チヌプクガーは尾根と西側尾根の間を南から北に流れ、発展橋と呼ばれる地点近くで奥川と合流する。奥の区域内の山々は標高一五〇〜三〇〇メートルで構成されている。集落を囲むように、かつては集落で管理していた猪垣があり、主な耕作地は、その猪垣内にあった。猪垣の外側は村有林が囲み、またその外側を県有林が南北に細長く囲う形となっている。県有林のうち「県53林班」は、「ユンヌヤマ」と呼ばれ、王朝時代のユンヌ（与論島）との交流史の痕跡を見ることができる。

奥川に沿った猪垣内の斜面は、イモや粟を耕作する段々畑が作られていた。現在では、段々畑は放棄され、その代わりに村有林を払い下げられた所に、ミカン畑や茶畑が拓かれている

（奥で栽培されている茶は、奥の代表的な産物である）。県有林内はかつてカイクン（開墾）され、エー（リュウキュウアイ）が栽培されたりしたが、現在はやはり放棄されたカイクン（開墾）跡とエーバル（藍畑）跡を見るのみである。県有林は、これも一九六〇年代までは、材木を伐り出したり、木炭を生産したりするなどの林産物を得る貴重な場であった。

このように、かつての奥の集落は、山の斜面の中腹まで段々畑がひらけ情緒豊かな山村風景を見せていた。しかし、戦後の社会変動に伴い過疎化が進むにつれ、その段々畑も、深い森に覆われつつある。段々畑が森に戻るとともに、かつて奥の区内の様々な地点につけられていた地名もまた、忘れ去られつつある

（宮城）

5 ドングリと地史

沖縄島中南部ではブナ科の木はほとんど見られず、やんばるに行くと、ブナ科の木が見られるということを書いたのだが、やんばるでも、ブナ科の木は五種類しか見ることができない。これは、本土の暖地の森（例えば宮崎県の照葉樹林など）と比べると種数が少ない。

南北に細長い日本では、北から南にかけて、亜寒帯針葉樹林、冷温帯落葉広葉樹林、常緑広葉樹林と森の姿が異なっている。日本の暖地である関東地方以西から沖縄にかけては、本来、常緑広葉樹林の森が広がっていた。しかし、古くからの人々の活動は、特に低地の常緑広葉樹林に大きな影響を与え、現在、原生的な常緑広葉樹林は、ほとんど姿を消してしまっている。常緑広葉樹は、乾燥や高温から葉の内部を守るロウ状物質からなる層（クチクラ層）が葉の表皮に発達しているので、葉が日光を反射する。そのため、常緑広葉樹林は照葉樹林とも呼ばれている。

ここで、一度、沖縄よりさらに、南、台湾に目を向けてみたい。台湾では、ブナ科に関して、以下のような種類が知られている。

コナラ属	19種
マテバシイ属	14種
シイ属	10種
ブナ属	1種

＊注：ただし、コナラ属のうち、クヌギは在来種ではなく、植栽されたもの。また、ナラガシワは、在来か移入かはっきりしていないという意見がある。

台湾産ドングリ
（マテバシイ類）

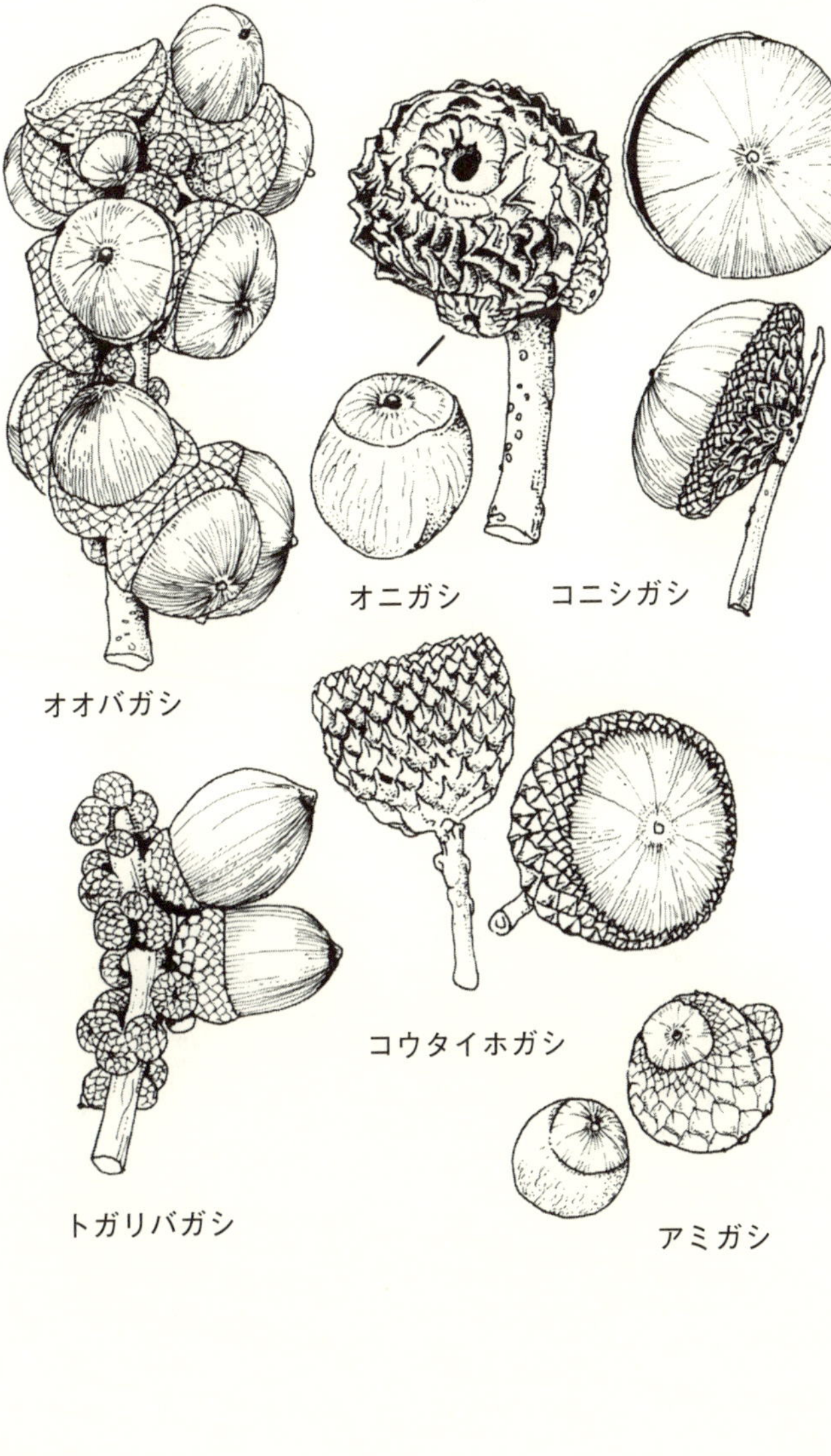

台湾には、多くの種類のブナ科が見られることがわかる。つまり、本土に比べて沖縄に生育するブナ科の種類が少ないのは、本土より南に位置しているから……というわけではないことになる。

『照葉樹林の生態学』（千葉県立中央博物館　一九九七）によると、台湾、沖縄、本土の森を比べた研究から、沖縄の照葉樹林には次のような特徴があることが指摘されている。

・沖縄の照葉樹林の構成種数は台湾のそれに比べて少ない。
・沖縄の照葉樹林にはブナ科の樹種が少ない
・沖縄の照葉樹林の林床の植物（草）の種組成は台湾と比較的に似ているが、林冠の植物（高木）の種組成は本土と似ている。

この研究から、沖縄の森にブナ科の植物の種類が少ないのは、沖縄が島であるからだろうと結論づけられている。簡単に言うと、次の二点が、沖縄の森にブナ科の植物の種類が少ない原因と考えられている。

・面積が小さい島では絶滅が起こりやすい。

・島の場合、絶滅した後に、再侵入が起こるのも難しい。

この二点はドングリに限らず、やんばるの森の生き物のことを考えていく場合のキーポイントである。そのため、この後も、振り返ることになるだろう。ただし、ここで、上記二点をしっかりとらえるうえで、ブナ科の植物の特徴について、もう少し見ておきたいと思う。

コラム：子どもと木の実

奥では一期作の田植えの頃（二〜三月）になると寒波が襲来し、一番寒くなる時期であった。早朝から夕方遅くまで、寒さに凍えながらの田植え仕事は、表現できないほどの重労働であった。しかし、田植え後に食べた正月からのスージキー・ワーシシ（塩漬け豚肉）の味は格別で、体の内から温まり、疲労をいやすための良薬のようであった。

子ども達は、田圃への行き帰りに、クビ（グミ）の熟したのを見つけ出し。それを採り、よく食べた。このころはまだ寒いのでパブ（ハブ）の心配がなく、親たちも野山に入り込む子どもたちの様子を、気にしながらも、許していた。

四月～六月頃までは、ナスビ（野イチゴ）の時期となる。このころは温かくなるのでパブの心配をしながら、草刈りの行き来に、ナスビをよく食べた。梅雨の頃にはヤマモモが熟する。仲間たちと草刈に遠くまで出かけた折や、山仕事の手伝いの行き来に、メーキ（自分が目をつけている木）を見つけ出し、食べた。

七月～八月にはバンシルー（バンジロウ）が熟しかけるころだ。草刈のついでに食べるのだが、当時の子どもたちは、実が熟すまで待っていられなかった。子ども時代を思い返すと、バンシルーの熟したのを食べたのは一度しか体験がない。熟したバンシルーは、実が、甘くて柔らかく、果肉と種が分離するので、種を吐き出して食べた。こんなにも美味いものかと感動し、メーキを見付けて熟するまで採らずに知らんふりすると、次に行った時はほかの子どもに見つかって、もうなくなっているしまつであった。結局、いつも熟しないバンシルーを口にすることになる。未熟のバンシルーは歯も立たないほど固く、種も吐き出さずに、皮ごとかみくだき丸のみするので、翌日はたいてい便秘になり、苦痛を味わうことになる。それでも、実を見付けると、その苦痛もわすれて同じことを繰り返すのであった。

九月になるとフガー（ナシカズラ）の実を取ってきて、ヒクブー（籾殻）の中に入れて熟させて食べた。

十一月になると、子供たちの探検の時期がやってくる。一期作の米の収穫が終わった乾田に、タードーシと言って、畝をつくり、そこに芋を植えた。十一月はその芋を収穫する時期である。

このころ、タヒンネー（芋折日）と呼ばれる、芋の収穫を感謝する儀礼が行われた。タヒンネーの時期になると寒気が入り、野山を歩いてもパブの心配がないので、親達は子どもたちが野山へ出かけるのを黙認するのである。

子どもたちの目的はギマ（ギーマ）の実を食べに行くことである。小学校六年生を先頭にして、隣近所の子供たちが段畑を登り、原野に入りギマの木を探す。一月に白い花を咲かせたギマは、赤く色づき、やがて黒く熟する。ギマと呼んでいた木の実にも種類があった。いわゆるギマの実は小さくそれほどおいしくなく、よりおいしいウシギマやポーリギマの実を探すことを競い合った。ただ、このウシギマやポーリギマが本当はなんという植物の実なのか、わからないでいる。赤黒い果汁は、甘くおいしい。やがて食べた実の汁で口の周りは真っ赤に染まる。さらに腹いっぱい食べ、飽きると、今度はお互いの顔に果汁をぬりつぶしあう遊びに代わるのである。追いかけっこしては実を顔にぬりつけあい、腹が減るとまた食べるというふうに、何回も繰り返しで夕方まで野原で遊びまわった。

夕方家に帰ると、ウムニー（芋練。芋に豆や里芋、

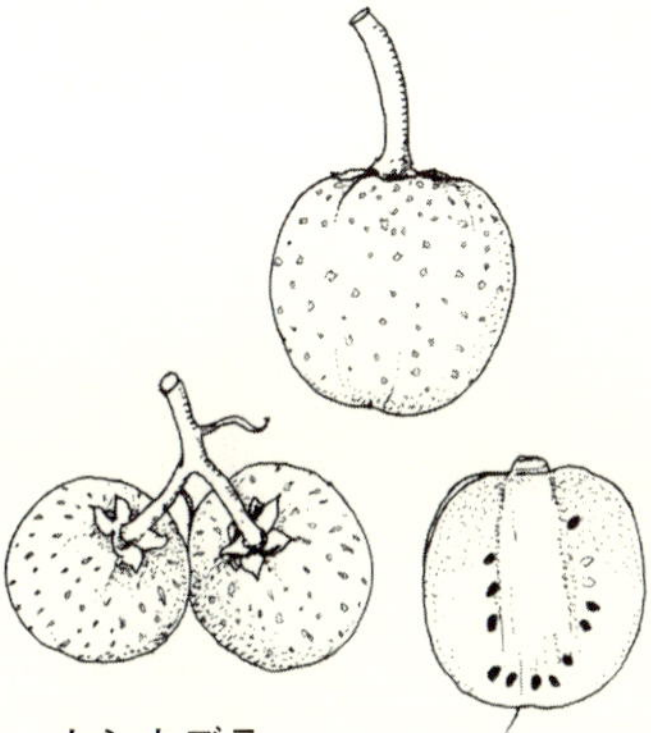

ナシカズラ

澱粉などを加えてシャモジで練つぶし、餅状にした食べ物）がつくられ、仏壇に供えたものを家族で御馳走になる。

翌日のトイレが大変である。腹いっぱい食べたギマの細かい種がお尻に、かさかさと詰まっているのだ。お腹の中には、その次に食べたウムニーがひかえているのだが、ギマの種がつまり、なかなか大便が出ないのである。これは、バンシルーを食べた時よりも大変なものである。それでも草刈りに出掛けたら、ひもじいので、朝の苦しい思いも忘れて、またギマの実を食べるのであった。

炭焼と薪取りの手伝いに行った帰りは、シーンミー（シイの実）を拾ってきて、よく食べた。拾ってきた実を空き缶やフライパンに入れ焙りパチッと割れるのを見計らい、塩をまぶす。シーンミーは、そのままでは味がないが、塩をまぶすと美味しい。シーンミーは、米の足しにもなったので、ザル一杯採って来ることもあったが、シイの木は里山の段々畑域にはないので、猪垣を越えた外山へ行って拾うことになる。そのため、時期が遅くなるとヤマシ（イノシシ）に喰われてしまうので、シーンミー拾いは、ヤマシとの競争であった。


（宮城）

6 大陸島・沖縄

前段の4節で、沖縄の島々は大きく低島と高島に分類できると書いた。島の分類方法はほかにもある。それが海洋島と大陸島という区分である。

・海洋島：島が海洋中にできて以来、一度もほかの大陸などの陸塊とつながったことがない島のこと。
・大陸島：大陸の周辺に位置し、過去に近隣の大陸などの陸塊とつながったことがある島のこと。

日本本土を形成する本州、九州、四国、北海道や、沖縄の多くの島々はいずれも大陸島だ。海外でいえば、ボルネオ島なども大陸島である。一方、進化論で有名なガラパゴス島やハワイの島々、グアム島などが海洋島の例である。日本でも小笠原諸島や、沖縄県に所属している大東諸島は海洋島に分類される。

海洋島である小笠原の植物を研究している清水善和さんは、著作の中で島の生き物にみられる特徴を「島症候群」と呼び、その特徴を十五項目にまとめている。以下に、その島症候群の十五項目のうち、やんばるの自然を考えるうえで参考になりそうな項目を選んで紹介してみよう(注：項目の番号は清水さんによるもの)。

島症候群

1・生物相が貧弱である
2・生物相が非調和である
3・独自性(固有性)が高い
4・適応放散が起こりやすい
5・食物連鎖が単純である
10・防御能力が低下する
11・新ニッチ(生態系における種の位置のこと)を開拓する
14・希少性が高い(絶滅しやすい)
15・外来種が侵入しやすい

島症候群番号2は、「生物相が非調和である」という項目だ。海洋島の場合、大陸や大陸島で普通に見られる生き物であっても、海上を長距離、渡る能力のない動植物は棲みつくことができず、結果、生物相に欠落が見られるということを意味している。例を挙げると、ヘビやカエルは海を越えるのが苦手であるため、海洋島には棲みつきにくい。そのため、小笠原やハワイには、もともとヘビやカエルは一種類も分布していなかった。植物では、マツやドングリをつける木の仲間がこれにあたる。マツの種子には翼があり、風により播き散らされるが、マツの種子は比較的大きいため、長距離を移動することがない。また、ドングリはネズミやカケスなどの動物による散布に頼っており、これも海洋島に渡ることはできない。沖縄の場合、本土や台湾に比べて見ることのできるブナ科の種数が少ないという特徴があると書いたが、小笠原やハワイの場合には、ブナ科の植物は、全く分布をしていない。逆に言えば、どんなに種数が少なくとも、ブナ科が生育し、後述するようにカエルの固有種も何種も見られる沖縄の島々は、大陸島であることが、このことからはっきりとわかる。そしてそれは同時に、沖縄の島々は、「いつ、どのようにほかの陸地とつながっていたのだろう（ドングリやカエルは、いつ、どこから渡ってきたのか？）」という、疑問に結びつく。

二章　やんばるの生き物ウォッチング

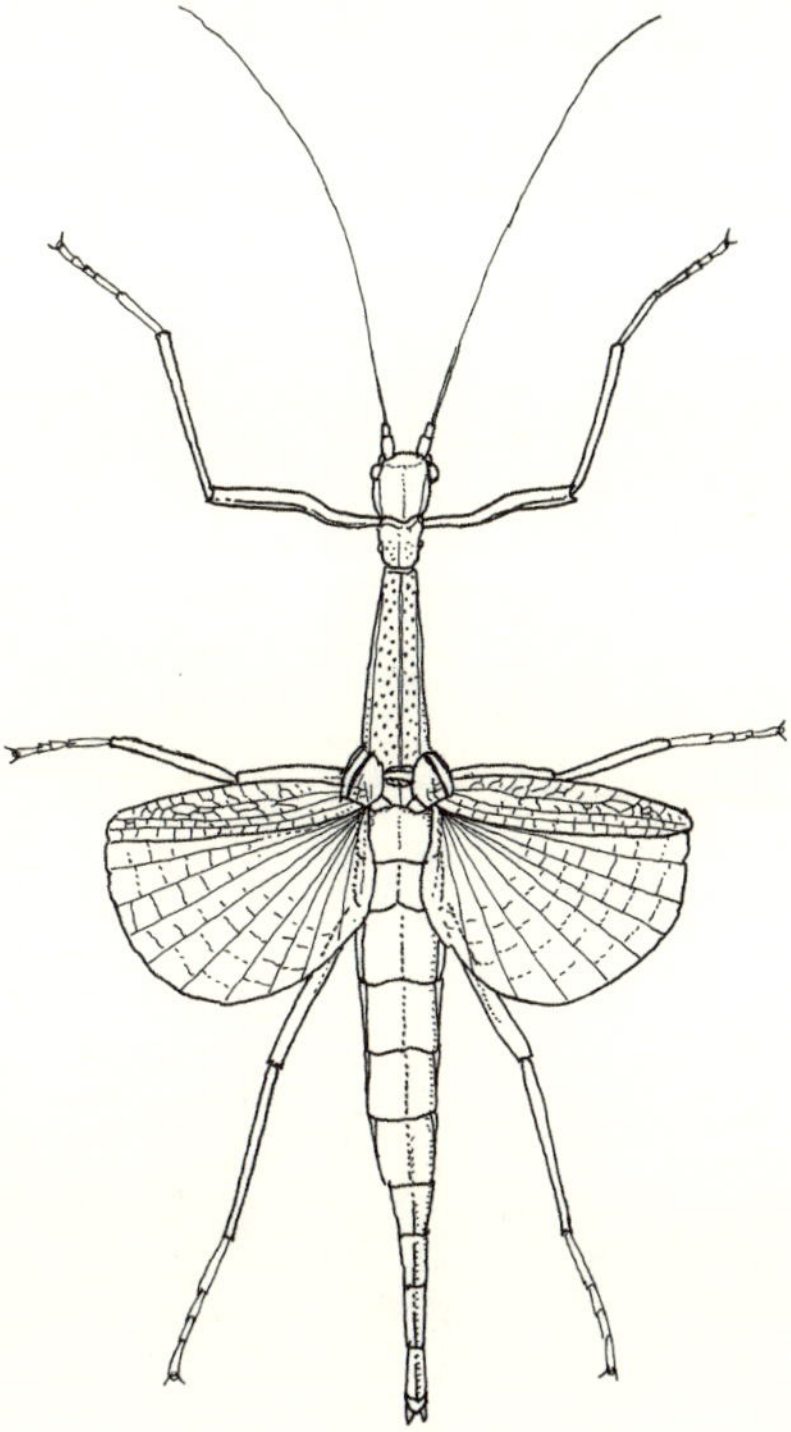

ニホントビナナフシ

1 夜の森へ

では、ここで、やんばるの森では、どんな生き物たちが見られるのか、実際の例を紹介して見ることにしよう。

南の島、沖縄にも四季はある。もっとも、冬の最中でも、最低気温は一〇度を少し下回る程度であるし、常緑の木々も葉を落とすことはない。それでも一、二月ごろは、見かける生き物の姿が、もっとも少ない季節といえる。気温だけでなく、降水量も時期によって変動がある。沖縄の冬から春にかけては、雨が多い。四月ごろは、一時、晴れ間の広がる時期がつづくが（年によっても異なるが）、五月の連休明けには早くも梅雨に入る。六月中～下旬の梅雨明けまでは、高温多湿の時期がつづくことになる。七月以降、九月末までは、一転、島は晴天と高温によって乾燥状態となる。この間、台風がまとまった雨をもたらすことがあるが、台風は年によっての変動が多い。十月以降は適度に雨も降る、安定した季節が続き、十一月下旬以降、ミーニシと呼ばれる北東風が吹き始めると、南島の冬の始まりだ。

沖縄島に住みつき、何度もやんばるの森に通うようになって、やんばるの森が一番息づく、すなわち、生命の気配にあふれるのが、四〜六月の梅雨を中心とした高温多湿期であることに気付く。学校の夏休み時期にあたる七月下旬から八月というのは、実は沖縄島では生き物が高温と乾燥に耐えている時期であり、森の中では、一時的に生き物の姿が見えにくくなる。逆に、梅雨時期の、むしむしした日には、やんばるの森の真価が現れるといってもいい。沖縄在住の生き物好きたちは、こうした日が来ると、いてもたってもいられない心持ちになるだろう。

五月下旬の週末。やや、高温多湿というには気温が低め（この年は冬場から四月中旬にかけて雨がつづいたものの、梅雨時期になると逆に雨の日が少なく、どちらかというとさわやかな日が多く、やきもきさせられた）であったが、季節的には最適な時期であったので、やんばるの森に出かけることとした。

那覇の自宅を出発したのは、家族で夕飯を一緒にとってから。まだ暗くなりきっていない、夜の七時過ぎである。那覇の先、西原のインターチェンジから高速に乗る。終点の許田インターまでは、一時間弱である。許田から再び一般道におり、国頭村に位置する目的の森までは、さらに一時間、つまり家からやんばるの森までは片道二時間の行程である。

やんばるまでの二時間の運転は、慣れてしまえばさほど苦にならず、遠いとも思わなくなる。ただ、まとまった時間がとれる週末でもないと、おいそれと出かけていくわけにいかないことは確かである。やんばる通いは数えきれないほどになったが、今でも高速に乗り森に向かう車中、

「今日は、何に出会えるだろう」と、少しずつ、期待が高まっていくのがわかる。やんばるの森は、何度通っても、「初めて見た」とか「なんだろうこれは」と思える生き物にしばしば出会うし、逆にやんばるの森の住人として有名な生き物たちも、いつでも会えるというわけではないからだ。

「何に出会えるかわからない森」それが、やんばるの森の魅力であると言える。

夜、九時過ぎ。森に入る手前にある、コンビニで翌日の朝食などを買い込むことにする。ついでに、コンビニの灯にひかれて集まってきた虫たちをチェックしてみる。那覇の街中には多数のコンビニがあるが、街中のコンビニには、虫の姿は見られない。一方、周囲にあまり人家のない、やんばるのコンビニには、あれこれと虫が集まってくる。ただし、これも季節や天候、時間によって見られる虫に違いがある。もちろん冬場はほとんど虫の姿を見ない。この日はコガネムシの仲間が多数集まっていた。ただし、あまり、興味をひく虫は見当たらず。買い物を済ませて車に乗り込む。

この日の目的地は、川沿いの森だ。沖縄島は南北に細長い。そのため、山から海へと流れ落ちる川は、流路が短い。そんな小さな川ではあるが、河口付近には多少なりとも平坦地が発達するため、古くからやんばるの集落は、小さな川のつくる平坦地ごとに発達してきた。そして河口から川に沿って、道が山へと通じているところも少なくない。そうした川沿いの道に車をすすめ、道の舗装がきれるあたりで車を空き地に止め、未舗装の道をライトをつけながら、生き物を探して歩き回ってみることにする。夜のやんばるの森の探検である。

現在でも、那覇からやんばるの中心部である国頭村の森までは、高速を使っても片道二時間はかかる。最北の集落である奥までなら、さらに一時間余分に時間がかかる。戦後すぐ、クニマサさんの子ども時代にさかのぼると、やんばるはさらに「遠い」存在だったことがコラムからは読み取れる。一九五三年の夏、クニマサさんが五歳のときの記憶である（クニマサさんの記憶力の確かさには、いつも驚かされている）。

コラム　初めての那覇行き

那覇に出稼ぎに行っていた父の弟（浜則、一九二六年生）が、結婚するとの連絡を受けた父は母に相談したが、金もないのに行けるものではないという母と口論になった。しばらくすると母の引き留めるのを無視して、父は僕を連れ出し那覇へと向かった。

奥部落までの山越の県道が一九五一年に開通したとはいえ、奥へはまだ十分な車の乗り入れがなかったころの話。約四キロメートル先の宜名真まで県道を歩き、そこからバスに乗り、辺土名、名護と二回乗り継いで那覇に行くことになる。これが、父と二人で行く、初めての那覇旅であった。

ウプドーと呼ばれる、集落から暫く離れた地点までは何回か行った経験があるが、ヤマンクビー（奥と辺戸・宜名真の境界地点）を越して先に行くのは初めてで、いつも見ていた景色と違った景色に夢中になり歩きつづけた。県道からバスの停留所がある宜名真共同店前までは、旧辺戸尋常小学校の所から、段々畑の中を下って行ったのである。

辺土名、名護と乗り継いで、一日かかって、夕方に那覇についた。途中の車窓からの景色は、奥まった入江の塩屋湾を迂回するところと、名護の七曲りは覚えているがそのほかの景色は記憶にない。

バスを現在のバスターミナルで下り、小禄垣花に行くが、戦禍から復興しかけた那覇市内は、ほとんどが地肌むき出しの空き地の多い状況であった。那覇軍港には大きな船などが停泊していた。

那覇からの帰りには、ヤゲンヤーヌオバー（私の母の生みの親・我如古カナ、一九〇二年生）が、名護の病院に入院していたので、見舞いに行った。そこにはウナガンクヮヌオカー（翁長シゲ、一九二三年生）もお産で入院していて、女の子が生まれていた。病院に入った時間帯が午後三時頃で、おやつの時間であつたが、シゲさんは食欲がないとして、おやつのタンナップルというお菓子を私に下さった。それを食べながらバスに乗り、辺土名で乗り換え、宜名真から山越をして奥に着いたときには、すでに暗くなっていた。

那覇行の往復のバス賃を父親は支払わなかったように覚えている。車掌が切符を切りに来たら何か説明していたように思う。那覇に出稼ぎに行っていたとき、バス会社にも修理工として勤めていたと聞いたことがあるので、「バス会社の職員で里帰りの途中だ」とでも言い、無賃乗車をしたのではないだろうか。今では考えられない出来事である。

（宮城）

2 琉球列島の区分

車を止めると、森歩きの準備だ。まずは、ＬＥＤライトを点灯させる。ライトは予備をもう一本、ウエスト・ポーチの中にしのばせる。森の探検といっても、基本的には未舗装の林道を歩くだけなので、ハブよけの棒は不要だ。ただし、足元はいつものように長靴に履き替える。それ以外には、何かを見つけたときのためにビニール袋を数枚ポケットにしのばせるだけ。雨は降らなそうだから、傘は不要だろう。車に鍵をかけ、真っ暗な道をライトで照らす。すると、さっそく生き物が目に入る。路上を歩き回る、サツマゴキブリである。サツマゴキブリは、ゴキブリとはいっても野外性のゴキブリだ。

日本からは五八種のゴキブリが報告されている。なお、このうち、人家に出没するゴキブリは十数種に過ぎない。日本産ゴキブリの大多数は屋外性で、人に「悪さ」をしない虫なのである。石炭紀に出自を持つゴキブリは、暖地が本拠地であり、南に行くほど見られる種類数が増加する。また、出自の古いゴキブリは飛翔能力がそれほどすぐれておらず、長距離飛行もおこなえない。そのため海洋島の代表であるハワイには、もともとゴキブリは一種も棲んでいなかった。一方大陸島の沖縄島の場合、二六種ものゴキブリが知られている。

サツマゴキブリは日本の暖地に見られるゴキブリで、成虫になっても飛ぶための翅が発達しない、小判型の愛らしい姿をしている。もっとも沖縄島の場合、サツマゴキブリは原生的な森の中よりも、どちらかと言えば人里周辺の緑地でよく姿を見かけるゴキブリである。例えばサツマゴキブリは、那覇の街中にある、僕の勤務している大学内にも棲みついていたりする。車を止めたあたりは、そういう意味でいうと、やんばるといえども、やや人為の影響が強い場所といえるだろう。

車をとめたところから、一〇メートルほど進んだところに、未舗装の路上に水たまりがあった。その水たまりにライトを照らすと、なにかが水たまりから跳ね飛んで、道脇の草むらに着地したのが見えた。結構、大きい生き物のようだ。ライトを草むらに向けると、草に紛れたカエルの姿が見えた。平べったいフォルムをした、黄土色のカエルである。ナミエガエルだ。身を低くしていたカエルは再び跳ねると、道脇の草むらの斜面を川のほうへと姿を消した。

沖縄に移住してすぐ、在住の生き物屋から教わった言葉に、「カエルの御三家」というものがある。沖縄島には、一〇種もの在来のカエルがいるが、そのうち、天然記念物に指定されている大型のカエルに、オキナワイシカワガエル、ナミエガエル、ホルストガエルという三種のカエルたちがいる。これらの三種が、カエルの御三家である。一言で言えば、森にわけ入ったときに、見ることができると嬉しいカエルというわけである。以下に、沖縄島の在来のカエルのリストをあげておく。

ハロウェルアマガエル
リュウキュウアカガエル
ヌマガエル
ナミエガエル
オキナワイシカワガエル
ハナサキガエル

ホルストガエル
オキナワアオガエル
リュウキュウカジカガエル
ヒメアマガエル
*このほかに、沖縄島では移入種のシロアゴガエルとウシガエルが見られる。

ここで、少し、琉球列島の区分について書いておきたい。九州の沖に位置する屋久島・種子島を中心とする島々をまとめて北琉球と呼ぶ。そこから南に下がって奄美大島・沖縄島を中心とした島々からなるのが中琉球である。より南、宮古島・石垣島・西表島を中心とした島々が位置しているのが南琉球だ。そして、一口に琉球列島の生き物といっても、北琉球、中琉球、南琉球では大きな違いがあることがわかっている。琉球列島はいずれも大陸島であり、過去をさかのぼると、中国大陸や台

オキナワイシカワガエル

湾、はたまた日本本土と陸続きになっていた時期があると考えられている。肝心な、いったいいつ、どのように陸続きになっていたかについては議論がつづいているが、このとき、重要な要素となっているのが、北琉球、中琉球、南琉球を分けている、大きな障壁の存在だ。

地球の歴史をさかのぼると、過去に何度も氷河期と間氷期が繰り返されてきたことがわかっている。氷河期には高緯度地域に形成された氷河に循環するはずの水が固定されてしまうため、現在よりも海水面が下がるし、間氷期の中でも現在よりも温暖期には氷河が融けることにより、現在よりも海水面が上昇する。氷期に海水面が下がると、それまで海によって隔てられていた島が陸つづきになったりするわけだが、いくら氷期の海水面が低下するといっても、それには限度がある。その限度を超えた水深のある場所は、最寒期になっても陸化せず、その海峡によって、陸上を移動することしかできない生き物

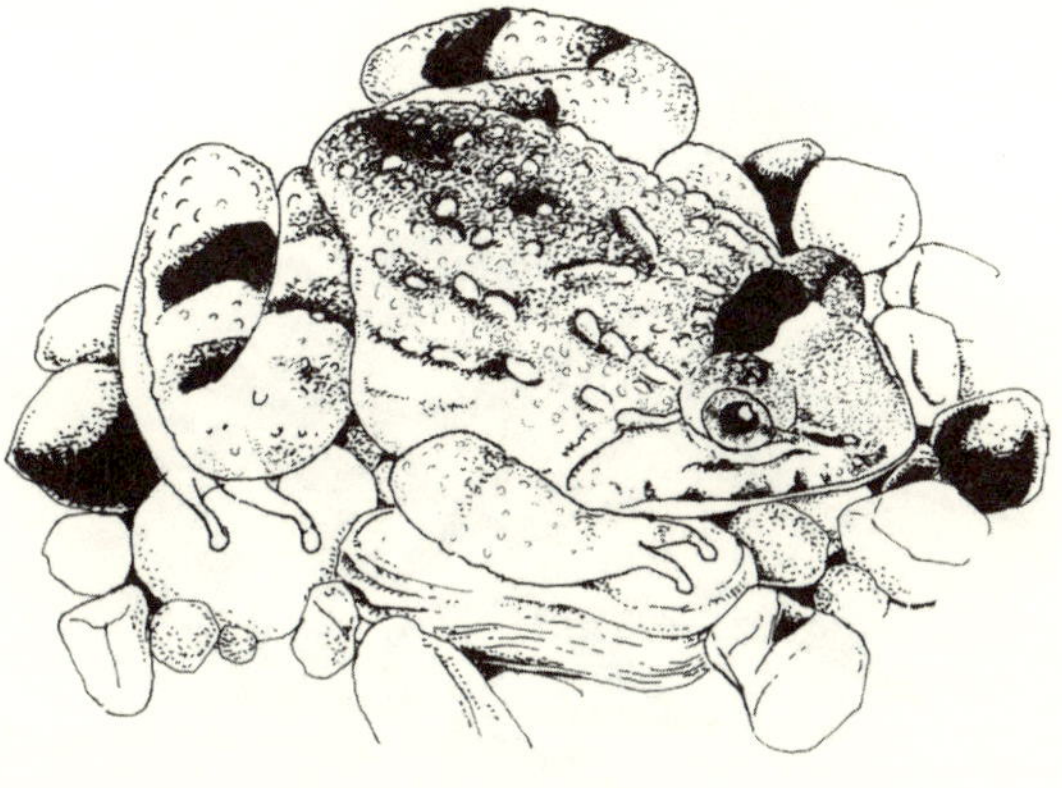

ナミエガエル

は分散が邪魔されることになる。こうした深い深度をもつ海峡が、屋久島と奄美大島の間につらなるトカラ列島の小宝島の北（トカラ海峡）と沖縄島の沖に浮かぶ慶良間諸島の南（ケラマ海峡）にあり、この障壁の存在が、北琉球、中琉球、南琉球それぞれの生物相の違いを生み出したと考えられている。逆に言えば、例えば中琉球に属する奄美大島と沖縄島の生物相には、共通性が見られるということになる。例を挙げれば、御三家ガエルのうちオキナワイシカワガルは、その近縁種であるアマミイシカワガエルが奄美大島に分布しているし、やんばるでみられるホルストガエも近縁のオットンガエルが奄美大島に分布している（ナミエガエルだけは近縁種が奄美大島では見られない）。一方、同じ沖縄県内に所属していても、南琉球（八重山）の島々では、これら御三家ガエルの近縁種を見ることができない。このように、中琉球に所属する島々の生物相には共通性が見られるが、さら

ホルストガエル

に詳しく見ていくと、沖縄島と奄美大島の間には、異質性を見つけることもできる。この点については、後でふれたいと思う。

水たまりには、リュウキュウカジカガエルやヒメアマガエルの姿もあった。この両種は、やんばるだけでなく、那覇の街中でも鳴き声を耳にすることができるものだ。リュウキュウカジカガエルは本土の渓流などで見られるカジカガエルのように、すんだ、きれいな声で鳴く。また、日本産のカエルで最小種であるヒメアマガエルのほうは、ゲタタン、ゲタタンとでも表記したくなるような鳴き声をあげる。そして、さらに道を進んでいくと、水たまりや道脇には、やや大型のカエルである、ハナサキガエルも目にするようになった。つぶらな目をしたハナサキガエルは、天然記念物に指定こそされていないものの、やんばる固有のカエルである。なお、奄美大島では近縁種であるアマミハナサキガエルを見ることができる。

ハナサキガエル

またハナサキガエルの場合には、南琉球にもその仲間が分布している。石垣島と西表島にはオオハナサキガエルとコガタハナサキガエルの二種のハナサキガエル類が棲息しているのである。これに対し、トカラ海峡の北、北琉球の種子島や屋久島にはハナサキガエルの仲間は一種類も分布していない。

3 遺存固有種

ライトを手に歩きながら道をゆく。

路上に、何本もの長い脚を備えたオオゲジの姿がある。夜のやんばるの森の常連である。褐色の殻をしたカタツムリもよく、道を歩き回っている。中にはつぶれたミミズにくらいついているものもいる。やんばるには、ヤンバルマイマイと呼ばれる大型の、濃い褐色の殻をもつカタツムリが棲息している。道脇の樹幹には、長さ十五センチを越えそうな大型のムカデの姿もある。これは、ライトを当てると、するすると、木の裏側のほうへと移動してしまった。

続いて路上に姿を現したのがクロイワトカゲモドキだ。トカゲモドキは、地上性のヤモリの仲間であって、日本には中琉球のみに棲息が見られる。クロイワトカゲモドキの「クロイワ」という名は、明治から昭和初期にかけて沖縄島に在住した教育者、生物研究者の黒岩恒にちなんでいる。

ヤモリの仲間といっても、クロイワトカゲモドキはヤモリとはずいぶん姿が異なっている。ヤモリは壁にぴったりとはりついているようなイメージがあると思うが、クロイワトカゲモドキは四肢で地表から体を持ち上げている。いざとなると素早い動きを見せることもできるが、ライトを当てると、フリーズしてしまうところが、何とも愛らしい。体には白黒の模様があるが、体表の模様は棲んでいる島によって違いが見られ、いくつかの亜種に区分されている。

トカゲモドキ類の分布は琉球列島の中でも中琉球に限られているのだが、それだけでなく、例えば台湾などにもクロイワトカゲモドキの親戚を見ることはない。一番近い種類と思われるのは、台湾よりさらに南にはなれた海南島に住んでいるハイナントカゲモドキである。トカゲモドキ類は、どう見ても、長距離移動に優れた動物ではないから、こうしたとびとびの分布は、過去にさかのぼって理由を考える必要がある。

すなわち、クロイワトカゲモドキの祖先は、かつて、中国南部に広く分布しており、その一部は海南島にも棲みついた。また、その一部は海面低下などで島嶼部が陸続きになった時期に、台湾や琉球列島にも侵入した。ところが、その後、あらたに生まれた種との競合などによって、大陸部や、台湾、南琉球などに棲みついていたトカゲモドキは絶滅してしまった。その一方で、海南島や中琉球のトカゲモドキは、これらの島がほかの陸地と切り離されていたため、競合種の参入がなく、絶滅を免れた。そのようなストーリーが考えられるのだ。

つまり、クロイワトカゲモドキは、古い時代の生き残りであるということだ。こうした周囲の同類が絶滅したことによって、生き延びた種が固有となる場合を、「遺存固有」と呼んでいる。

遺存固有が見られるということは、その場所がほかの地域から切り離された時期が古かったり、切り離された期間が長かったりしたということの証である。つまり、琉球列島の中でも、中琉球に含まれる島々の生き物たちは、トカラ海峡とケラマ海峡という二つの障壁に阻まれることで、古くから、長い間、他の地域から隔離されてきたのではないかということが予測されることになる。

中琉球の生き物について、『爬虫類の進化』（疋田努　二〇〇二）には、以下のように書かれている。

「沖縄・奄美諸島は鮮新世以降ずっと他の地域から隔離されており、海上分散による少数の侵入者以外は、ほとんどすべてが鮮新世以来の古くから沖縄・奄美諸島に生き残っている種だ」

この文章にある鮮新世というのは、今から五〇〇～二五八万年前の時代のことである。同書では、そうした古くからの遺存的な種として、やんばるで見られるクロイワトカゲモドキとリュウキュウヤマガメ、さらに沖縄島の西の海上に浮かぶ久米島固有のキクザトサワヘビの名を挙げて

クロイワトカゲモドキ

ヤンバルマイマイ

いる。『爬虫類の進化』の中では、沖縄・奄美諸島は「鮮新世の生きものの箱舟であるといってもよいのではないか」という表現がなされている箇所もある。

同様、両生類においても、琉球列島の「非常に古い要素」として、日本本土にも台湾にも近縁種のいない種（つまりは、遺存種として考えられるもの）として、イボイモリ、イシカワガエル、オットンガエル、ホルストガエルの名があげられる。オットンガエルというのは、やんばるの御三家ガエルの一つであるホルストガエルに近縁のカエルで、奄美大島固有のカエルである。一方、ナミエガエルの場合は、台湾に近縁種がいるため、ここまで紹介した遺存種の範疇にくくれないようにも思える。が、ナミエガエルの仲間は南琉球には分布しておらず、台湾と中琉球の沖縄島に棲息という分布の分断が見られる。そのため、やはり、古くに中琉球にわたってきて、その後も生き残った「古い要素」と考えてよいのでは……と指摘されている。

やんばるの森では、クロイワトカゲモドキは場所や条件によっては、さほど珍しい生き物ではなく、この日もトータルで四個体を見ることができた。しかし、クロイワトカゲモドキは、琉球列島固有の歴史を背景とした、生息地域が局限された種であり、その存在は貴重だ。

クロイワトカゲモドキは上記のように、古くに中琉球にわたり、棲みついた種である。そのため、中琉球にわたってきたのち、それぞれの島に棲みついたクロイワトカゲモドキは、長い年月の間に、島ごとに特徴が異なるようになった。クロイワトカゲモドキの亜種は、以下のように分類されている。また、徳之島産のトカゲモドキ類は当初、クロイワトカゲモドキの亜種とされていたが、近年、独立した種類と考えられるようになっている。

クロイワトカゲモドキ
クロイワトカゲモドキ　沖縄島亜種
イヘヤトカゲモドキ　伊平屋島亜種
マダラトカゲモドキ　慶良間諸島、渡名喜島、伊江島亜種
クメトカゲモドキ　久米島亜種
オビトカゲモドキ　徳之島産

また、これを見てわかるように、奄美大島からはトカゲモドキ類は知られていない。先にドングリについてふれたとき、琉球列島の島々で見られるドングリの種類が少ない理由として、「島の生き物は絶滅しやすい」とい

イボイモリ

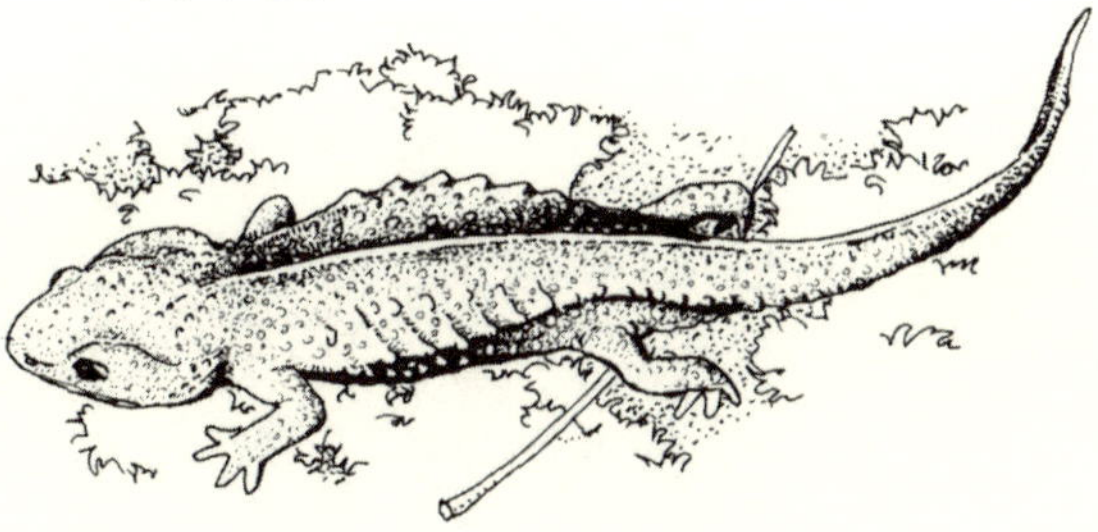

うことと「絶滅後に再侵入がおこりにくい」ということがあげられることについて触れた。そのため、奄美大島の場合、トカゲモドキ類は、かつて生息していたものの、何らかの理由で絶滅した可能性と、奄美大島まで、トカゲモドキ類が分布を広げられなかったという両方の可能性が考えられる。

もし、二つの可能性の内、奄美大島でトカゲモドキ類が絶滅したため、今日、その姿を見ることがないという場合であるなら、それはずいぶんと以前のことで、人による環境破壊とは別の理由であっただろう（現在まで、過去にトカゲモドキ類が棲息していたことを裏付ける何らの証拠も見つかっていないからだ）。

付け加えると、近年になって、人による環境破壊の影響によって、クロイワトカゲモドキの亜種が一つ、絶滅していたことが明らかになっている。それが低島（隆起サンゴ礁起源の石灰岩からなる島）である与論島の近代遺跡から骨が見つかることで存在が認識された、ヨロントカゲモドキと名付けられた亜種だ。この亜種は、同島にネズミ駆除の目的でイタチが導入されたことが原因で絶滅に至ったのだと考えられている。

では、そのほかのやんばるのほかの生き物の出自はどのようなものなのだろうか

4 遺存固有の哺乳類

中琉球に見られる遺存固有種は、両生・爬虫類に限らない。中琉球に見られる陸棲の非飛翔性の哺乳類（コウモリを除いた哺乳類）にも遺存固有種が見られる。

奄美大島及び徳之島の森に棲む、アマミノクロウサギは、そうした哺乳類の代表だ。アマミノクロウサギは耳が短いなどの形態的特徴に加え、生態的にも原始的な特徴をもつ、湿潤亜熱帯気候の低標高地に見られる唯一のウサギであるとされる。この特徴的なウサギは、残念ながらやんばるの森では見ることができないが、近年、沖縄島からアマミノクロウサギの化石が見つかり、一七〇万年～一五〇万年前には沖縄島にも本種が棲んでいて、その後絶滅したことがわかった。また、アマミノクロウサギの先祖と思われるウサギの祖先は中国で見つかっているという。つまり、中国から島にわたり、大陸部や沖縄島で絶滅したのち、奄美大島と徳之島のみで、遺存的に生き続けているわけだ。

やんばるで見られるケナガネズミとトゲネズミ類も、中琉球に固有の依存種であり、いずれも天然記念物に指定されている。

トゲネズミ類は、奄美大島、徳之島、沖縄島に生息し、かつてはすべて同種だと考えられていたが、現在ではそれぞれ、アマミトゲネズミ、トクノシマトゲネズミ、オキナワトゲネズミという、それぞれの島の固有種であるとされている。

興味深いのは、これら近縁の三種で染色体、特に性染色体に違いが見られる点だ。三種のうち、オキナワトゲネズミのみは、性染色体に関して、人間同様、メスはXX，オスはXYであるのだが、残りの二種アマミトゲネズミとトクノシマトゲネズミでは、メスはXXであるが、オスはXOとなっており、どのようにして性決定や、性の発現がなされているかについても注目されている。

オキナワトゲネズミは、やんばるの森では急速に個体数を減少させている種類で、ひょっとすると絶滅したのではと考えられていた時期もあったほど危機的状態にある種類である。

城ヶ原貴通さんによる研究報告によると、オキナワトゲネズミは、一九八〇年代まではやんばるの林道で見つかるノネコの糞の八〇％で、毛などの遺物が認められた（それほど個体数が多かったということと、それほどノネコが捕食を行っていたということ）が、一九九〇年代にはその値が一二・五％となり、さらに二〇〇一年に一例、検出されたのち、記録が後を絶つことになったという。ノネコの糞からの遺物が報告されなくなっただけでなく、トゲネズミ自体に関する生息状況が、全くもたらされない状況がしばらく続くことになったのである。そのため、トゲネズミは絶滅したのではないかとも考えられた。それが二〇〇八年になって、トゲネズミ調査の罠に生体が捕獲され、まだやんばるの森にトゲネズミが生存していることが明らかになった。それでも、かつてはヤンバルの森に広く分布していたトゲネズミは、現在、やんばる最北近くの森の、わずか五キロ四方のエリアにしか棲息していないと考えられていて、やんばる通いを続けている僕も、まだ一度も姿を見たことはない。

トゲネズミ類は本土の雑木林で見られるアカネズミに比較的近い仲間と考えられている。ところで、アカネズミはトカラ列島や台湾にも分布しているネズミである。そのため、沖縄島や奄美大島、南琉球の島々になぜアカネズミがいないのかという疑問も立てうる。この疑問について、トゲネズミはアカネズミよりも島の環境に、より適応していたために生き残ったのではないかという仮説が提唱されている。アカネズミは侵入したことがある

オキナワトゲネズミ

のかもしれないが、トゲネズミに比べ島という環境への適応力が劣っており、結果として絶滅したのではないか……という考えだ。島の生き物を考える場合、「なぜ、その生き物はそこにいるのか」という問とともに、「なぜ、その生き物はそこにいないのか」という問いも重要になる。

ケナガネズミは日本最大の樹上性のネズミだ。樹上性であるこのネズミのエサは遺伝子の研究から、クマネズミ類に近い仲間であることがわかっている。樹上性であるこのネズミのエサはシイの実やリュウキュウマツの実、アカメガシワの実などで、そのほかにハゼやカラスザンショウの実を摂食していた例も観察されている。本土では、リスが松ぼっくりの中の実を食べた後、俗にエビフライと呼ばれる食べ痕を残すことが知られているが、ケナガネズミもこのエビフライ状の食べ痕を残す（ただし、森林内にも侵入している外来種のクマネズミも同様のエビフライ状の食べ痕を残す）。

5 ヘビに見る謎

夜の森歩きでは、ライトを照らして歩きつつ、常にハブへの警戒はおこたらないようにしている。といっても、こうして夜の森を歩いていても、そうそう、ハブにはお目にかかることはない。ハブの仲間は、台湾にタイワンハブ、南琉球の石垣・西表にサキシマハブ、沖縄・奄美にハブ、

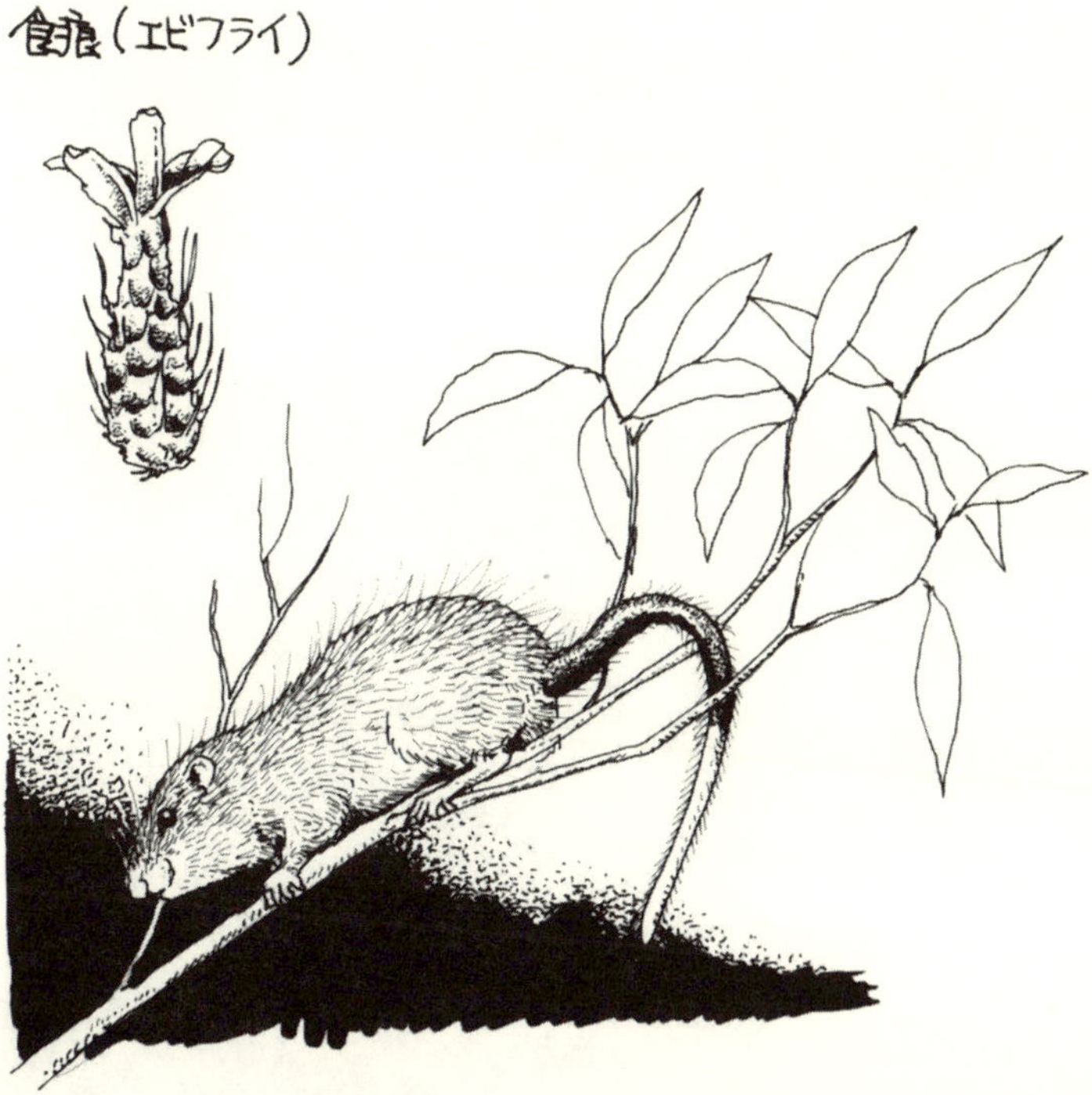

ケナガネズミ

そして中琉球と北琉球の境界近いトカラ海峡のすぐ南に位置している、宝島、小宝島にトカラハブが分布している。これを見ると、台湾からハブが琉球列島を北上し、トカラ海峡を越えることができず、以北にある北琉球には侵入できなかった……という構図が浮かんでくる。

ところが、ハブ類の遺伝子を解析した研究からは意外な結果がわかっている。タイワンハブとサキシマハブは近縁であったものの、ハブはサキシマハブとは近縁ではなく、むしろ中国大陸の西部に分布するナノハナハブと近縁であることがわかったのだ（トカラハブは、奄美産のハブに遺伝的に近い）。中琉球のハブ（と加えてトカラハブ）は、南琉球のサキシマハブと出自を別にする、古い時代に中琉球にわたってきた遺存的な種であると考えられるわけである。

やんばるの森歩きでは、どのようなヘビに出会うだろうか。過去半年ほどをさかのぼって、やんばるの森歩きでどのくらいの頻度で、どんなヘビに出会っているかをチェックしてみると以下のようになった。

・3月21日
・4月6日
・4月18日　ガラスヒバァ　1　リュウキュウアオヘビ　2
・4月25日　アカマタ　1

・5月18日　ガラスヒバァ　1　リュウキュウアオヘビ　2
・5月29日
・7月10日
・7月30日
・8月13日　リュウキュウアオヘビ　2
・8月31日　ガラスヒバァ　1
・9月19日　アカマタ　1

森にでかけたうち、半分は全くヘビに出会っていないことがわかる。この半年では全くハブに出会っていないこともわかる。ただし、やんばるの森を歩く際は、たえず、ハブに会う可能性は頭の隅においておき、注意するようにしている。

サキシマハブ

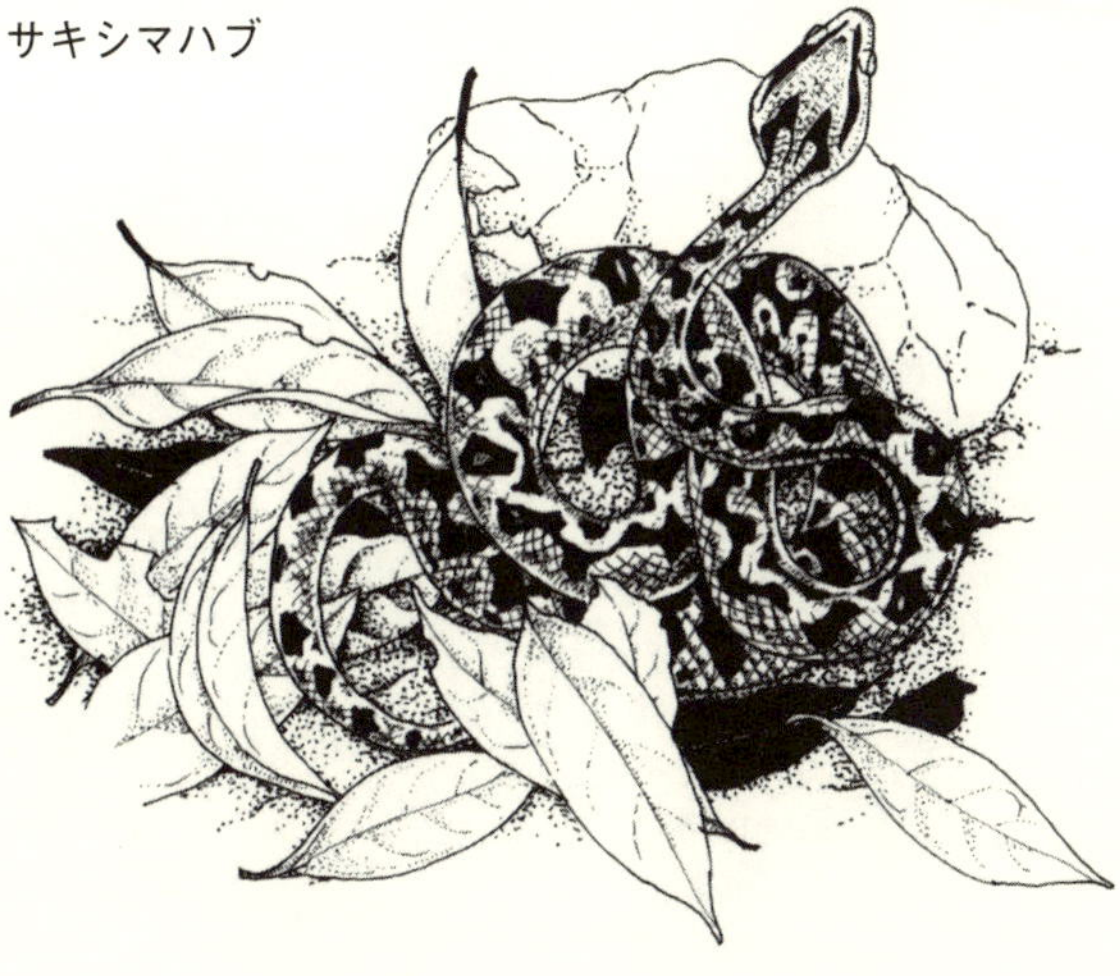

ここで、やんばるで生まれ育ったクニマサさんから見たハブについて、話を聞いてみることにしたい。クニマサさん自体、コラムで少しふれられているようにハブの咬傷の被害者である（ただしこれはやんばるで暮らしていた幼少期の体験ではなく、退職後、やんばるのことを調べるために山歩きをしている最中のことである。山中で笹の茂みの上にいたハブに頭部を咬まれ、病院に搬送された直後に意識を失うほどの重篤な状態に陥ったものの、幸い後遺症もなく回復した）。

コラム：子ども時代のパブとの遭遇

奥集落ではハブのことをパブと呼ぶ。

子ども時代のある夜、一家が眠りについたころ。当時、父は山の中の中学校の守衛をしており、我が家も中学校の敷地に隣接して建てられていた。母はネズミの鳴き声や様子がいつもと違うことに気付き、父を起こしてその原因を確認するように言ったが、疲れていた父は無視していた。ところが母は、暗がりのなかで屋根裏の桟に白く光る物体を見つけ出し、しばらく見ているると動くのも確認した。そこで父をゆすり起こしたのである。最初真にうけていなかった父も、ランプに火をつけて、母の指差す方向を見ると確かにパブがいることを確認した。蚊帳を飛び出した父は、こうしたときのために備えていた三又の長いモリを台所からもってきて、パブをしとめたのである。見ると二メートルもの大物である。子どもだった僕は、その様子に蚊帳のなかから見入っていたもの、もし取り逃がしたら、パブが桟から蚊帳に墜ち、自分たちの所にやってくるのではと、がたがた震えていたのを思い出す。つかまえたパブは翌朝頭を切り落とされ、その頭は屋敷入口の角に穴を掘って埋められた。残った胴体は、学校の中学生たちが焼いて食べてしまった。

つぎにパブに出会ったのは、やはり、中学に隣接した家で暮らしていた頃、母が夕食の支度をしているときのことだった。母が納屋から味噌を取り出そうと戸を開けた時、味噌壺の側に大きなパブがトグロを巻いているのに気付いたのである。母はいそいで戸をしめ、僕に「学校に二雄（父の同年生だった）先生がまだいるはずだから、パブが出たと言って呼んで来い」と言った。そこで僕は二雄先生を呼んできてパブを捕獲してもらった。捕まえたパブは、前回同様、頭を切落し、残った胴体は中学生たちが処理することになった。どうも、パブは当時の中学生の好物（?）であったようである。

このように戦前から戦後の一時期まで、パブを捕ると、焼いたり煮たりして食べていた。肉は多くはないが、味噌汁にすると鶏の味がしておいしかった。一匹で二〜三名は食べる分があった。

コラム：奥のパブ咬傷

私の幼い頃、手や足の一部を切断したり、足をひきずるようにして歩いたりして、不自由しているお爺さんやお婆さんたちがいた。右足の膝から下のない漁師をしていたお爺さんは、漁労中にサバ（サメ）に足を喰いちぎられたものと思っていた。また足が曲がらなくて不自由な歩きをしているお爺さんやお婆さんは、病気や怪我で足が不自由になったものだと思っていた。

ところが、この、漁師をしていた島田桃義（一八八九年生）爺さんは十三歳の時にパブ咬傷を受け、命は取り留めたものの後遺症がひどかったので、膝の下一〇センチ程の所から切り落としたとうかがった。また、足を引きずるようにして歩いていたお爺さんやお婆さんたちも、殆どがパブ咬傷の後遺症で足が不自由になった人たちであった。

実は私も二〇一二年三月一八日、奥の山の中で開墾跡の調査中にパブ咬傷の洗礼を受けたが、幸い後遺症もなく、命拾いをした貴重な体験がある。

奥部落では、パブ咬傷者が多いと集落の先輩たちから話をうかがった。そこでためしに、『字誌　奥のあゆみ』に掲載されている記録と、その後わかっている二〇一五年までのパブ咬傷者を加えた人数を算定してみた。すると総計八〇人の人達が咬傷にあっていたことがわかった。

このうち二回咬傷を受けた人は六人おり、死者は八人となっている。

咬傷場所は、仕事中が多く、続いて屋敷内、就眠中となっている。また、咬傷箇所は頭、肩、手、腕、足、尻などとなっている。咬傷により足を切断した人が一人、腕を切断した人が一人いた。ただしこうした深刻な後遺症は、医学が発達するにつれ少なくなっている。

こうしてみると、先輩方のいわれたように、奥部落のパブ咬傷者数は他地域に比べ、多いのではないかと思う。

パブは冬でも冬眠はしないので、気温の高低に関係なく、やんばるの山に入る時は、安全対策を十分行い、万一のときのために複数で出かけるよう用心されたい（僕が山中で咬傷にあった際も、同行者が救助を要請してくれた）。


（宮城）

コラム：タコ捕り名人

奥部落での仕事は、ほとんどが山仕事である。唯一の漁師は島田桃義（一八八九年生）爺さんであった。十三歳でパブ咬傷を受け右足の膝下一〇センチから下を失い、畑仕事や山仕事に不自由をきたして始めたのが海の仕事であった。サバンニンクヮー（小さなクリ舟）に乗り漁をしている姿は、健常者と変わりなく見えた。

桃義爺さんは、失った右足を補うために、直径五センチ程で高さ約六尺（一八〇センチ）の棒の、下から膝の高さよりやや高い位置に穴をあけそこに紐を通して輪を作り、膝をその輪の中に入れ、松葉杖の様に右手でその棒を操り、うまく歩いた。その格好でサバンニンクヮーを浜から海に下したりしている所を手伝おうとすると、「邪魔をするな」と怒鳴られたほどだ。

桃義爺さんは大潮の干潮時に向けてサバンニンクヮーに乗り漁へむかうが、通常は船のわきからウヒハガミ（桶メガネ＝箱メガネ）をのぞきながらモリを巧みに操りタフ（タコ）を捕えていた。また、時たまうまくいかない時は、ミーハガミ（海メガネ＝水中メガネ）をかけて潜り、タフを仕留めていた。

桃義爺さんの奥さんのウト（一八九五年生）婆さんもパブ咬傷者で、足に後遺症があった。ウト婆さんは大潮の夜になるとイダイ（イザリ漁）によく出かけた。ウト婆さんもまた、特にタフ獲りが得意な人であった。

その桃義爺さんとウト婆さんの孫にあたる秋和は、僕の同級生であり、子供時代からの友人で、今でも僕と親交を交わしている仲だ。子どもの頃、島田家に遊びに行くと燻製にして保存されているタフを、よく分けて食べさせてもらった。あの美味しかった味は、今でも鮮明に覚えている。

ところで、秋和もまた、パブ咬傷者の一人である。私と一緒に奥中学校を卒業した同級生は二六人（男一人、女一五人）であるが、そのうちパブ咬傷者は僕も含めた男三人となっている。

（宮城）

ちなみにやんばるの森には、ハブも含め、以下のようなヘビが在来種として分布している。

アマミタカチホヘビ
ガラスヒバァ
リュウキュウアオヘビ
アカマタ
ハイ（注：奄美大島にも産するヒャンの沖縄島亜種）
ハブ
ヒメハブ

なお、これ以外に、その名のとおり小型でミミズを思わせる姿をしているブラーミニメクラヘビもその姿を見ることがある。ブラーミニメクラヘビは、外来種と考えられているが、世界のあちこちに移入が認められているこのヘビは、原産地さえはっきりしておらず、沖縄に侵入したのがいつなのかも不明だ。ブラーミニメクラヘビは、クニマサさんの子ども時代からやんばるにも生息していたことが、コラムからわかる。

コラム：メクラヘビ

小学校三年ごろまで、知り合いのおばあさんが家の隣に住んでいた。このおばあさんが高齢だったので、ときどきアタイ（菜園）を耕すことを頼まれ、手伝った。大変手入れが行き届いた畑で、土が黒く、ふわふわとしていて、三叉鍬で楽に耕すことができた。

耕していると、ミミズは当たり前にいたが、時々、焼き鳥用の串ぐらいの黒い、ミミズではない、小さいヘビのようなものが姿を現しては、勢いよく、土の中に潜りこむのを見かけた。試しに捕まえてみると、

ヒメハブ

ミミズではなく、まさにヘビそのもの。眼は退化しているようだったが、体表も小さなうろこでおおわれていた。そこで、子どもの僕は、勝手にメクラヘビという名前をつけていた。

（宮城）

先に紹介したように、やんばるの森歩きでよく見かけるヘビは、ハブではなく、アカマタやリュウキュウアオヘビ、ガラスヒバァといった種類である。このうち、アカマタはほかの爬虫類をよく捕食するヘビとして知られている。時には、海岸の砂浜で、孵化したてのウミガメの赤ちゃんを捕食することもある。リュウキュウアオヘビは、腹部が黄色で背部が緑色という、大変美しいヘビで、主にミミズを捕食する。また、ガラスヒバァはもっぱらカエルをエサにするヘビである。

ハブ

ガラスヒバァを含むヒバァ類は、奄美大島、徳之島、沖縄島等にガラスヒバァが、そして宮古島にミヤコヒバァが、さらに石垣島、西表島にヤエヤマヒバァが分布している。また、台湾にはヒバァの仲間のまだ名前につけられていない種類がいる。これらヒバァ類の遺伝子についての研究の結果が近年になって発表された。これによると、ヤエヤマヒバァは台湾産のヒバァに近縁という結果がでたが、同時に、驚いたことに、ミヤコヒバァは沖縄島のガラスヒバァと最も近縁であるという結果も出た。奄美大島のヒバァは、沖縄島のガラスヒバァと同種とされているわけだが、遺伝子を調べた結果では、沖縄島のガラスヒバァは、奄美大島のものよりも、宮古島のほうが近縁である（それどころか、沖縄島に隣接する、伊平屋島のヒバァよりもさらに遺伝子的には近い）ということがわかったのだ。この結果からすると、地史的には比較的最近になって（遺伝子解析の結果からの推定では、

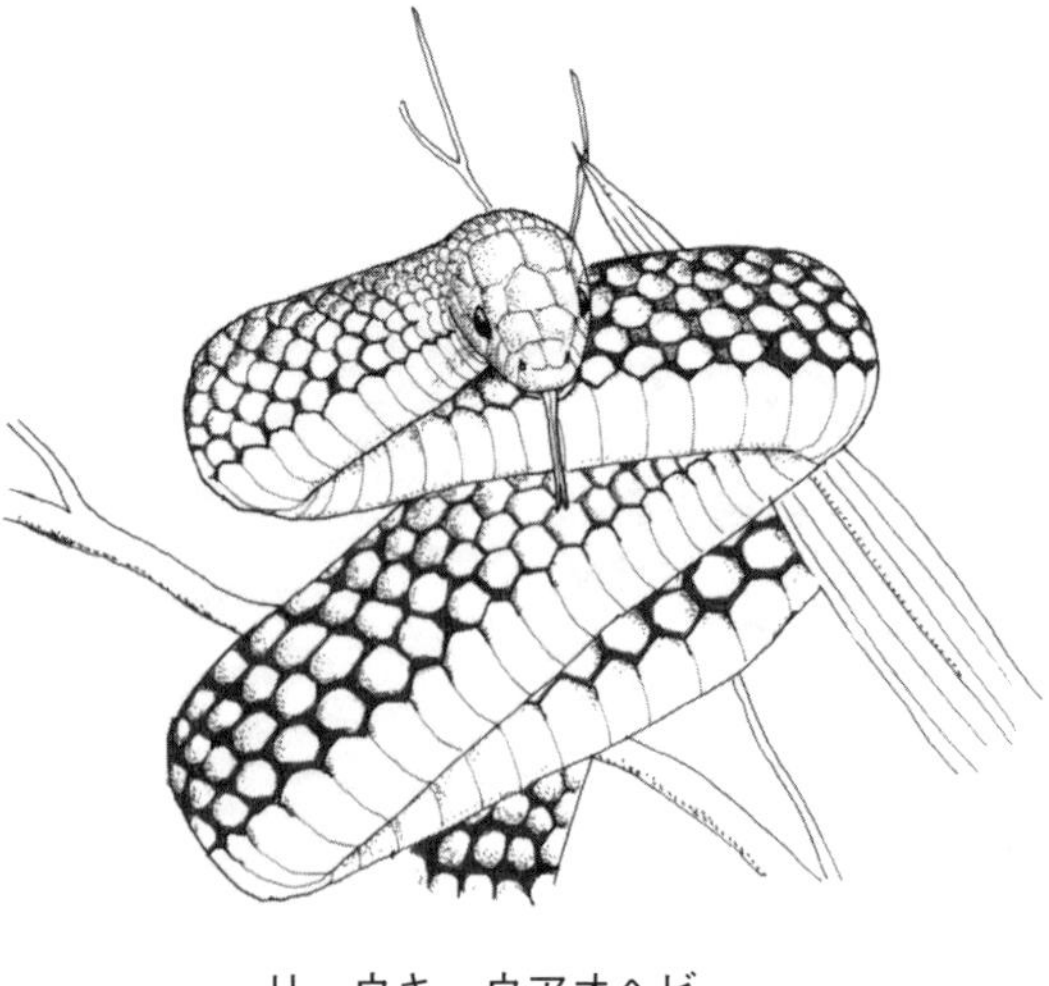

リュウキュウアオヘビ

三七一万年〜一八二万年前）に宮古島のヒバァと沖縄島のヒバァは分かれたと考えられていて、つまりは、その時代には、宮古島と沖縄島をつなげる陸橋があったのではという考えが、あらたに浮上している。

中琉球は古くから、他の陸地から切り離されつづけていたのか、数百万年前に、宮古島などとつながる陸橋が存在したのか、まだ結論は出ていない。やんばるの森の生き物たちは、中琉球の地史という、未解明の謎を背負った生き物たちなわけである。

コラム：ヘビの種類

フッパ（ヒメハブ）は主に湿地帯の草むらにすんでいる。動作は鈍く、毒はパブ（ハブ）のように強くはない。フッパの肉も焼いて食べた。ものの少な

ガラスヒバァ

い時代には貴重な栄養源であった。このほかに、パーミィ（ハイ）という体長が四〜五〇センチほどで、太さが大人の中指ほどしかない小さいヘビがいるが、多くは棲息しておらず、なかなか姿を見ることはなかった。尾に七つの節があり、その先に毒のある針があるといわれていたが、刺されたという話は聞いたことはなかった。このヘビが出る日はいいことがあると言われていた。オードーダナ（リュウキュウアオヘビ）、ガラシチャーブー（ガラスヒバァ）、アカマッター（アカマタ）などの毒の無いヘビもいた。

（宮城）

6 サワガニ類の多様性

夜の森歩きで、ヘビよりもずっと多く目にするのは、サワガニ類だ。

サワガニは陸水に棲むカニである。ただし、同じ陸水に棲んでいるカニでも、例えばモクズガニの場合は、産卵時に海まで降り、そこで幼生を放つ。幼生は海で一定期間、プランクトン生活を送ったのち、子ガニとなって川をさかのぼる。こうしたライフサイクルをおくるモクズガニは、幼生が海流に乗って長距離散布することができる。その結果、僕が生まれた千葉の川にも、沖縄島の川にも、モクズガニという同一の種類が分布している。一方で、サワガニの場合は、完全に陸水に適応したカニだ。サワガニの場合、大型の卵の中でプランクトン幼生時代を過ごし、子ガニとして誕生する。そのため棲家の奥山の川から産卵のため、わざわざ海まで降りずにはすむが、同時に、海は分散の障壁となる。こうしたことから、琉球列島では、島ごとに特有のサワガニ類がみられる結果になっている。また、その分化の程度は、沖縄島と奄美大島で別種に分かれているだけでなく、例えば那覇の沖合に浮かぶ（船で一時間ほどの距離）渡嘉敷島にさえ、沖縄島産の種類とは異なる、固有のサワガニがみられるほどとなっている。

沖縄島のサワガニ

オキナワミナミサワガニ

アラモトサワガニ

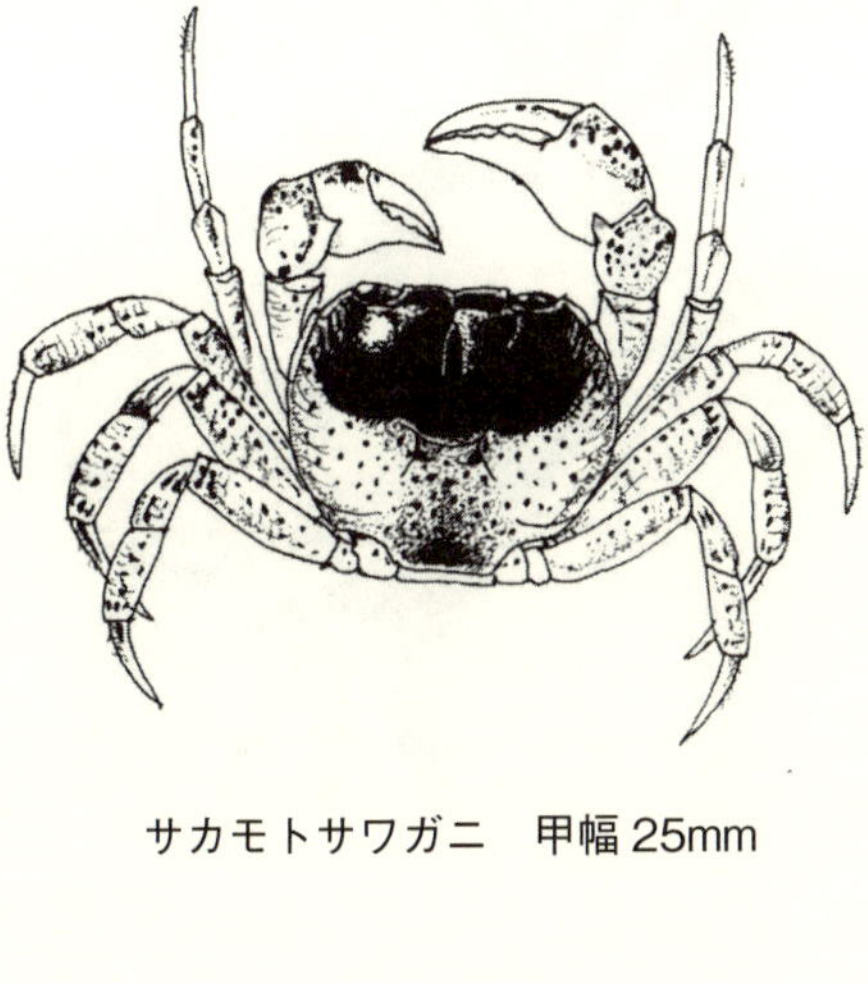

サカモトサワガニ　甲幅 25mm

サカモトサワガニ
オキナワオオサワガニ
ヒメユリサワガニ

奄美大島のサワガニ

アマミミナミサワガニ
リュウキュウサワガニ
サカモトサワガニ

渡嘉敷島のサワガニ

カクレサワガニ
ケラマサワガニ
トカシキミナミサワガニ
トカシキオオサワガニ

サワガニ類は、海によって隔てられた島ごとの種

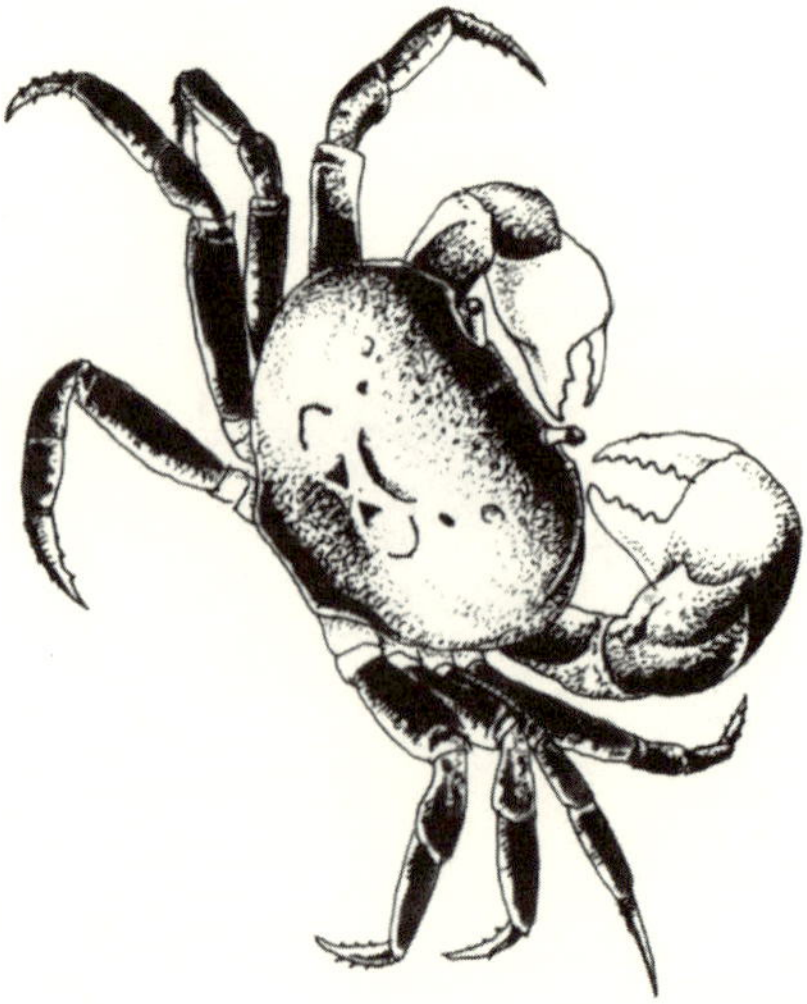

オオサワガニ

分化が著しいため、日本からは全部で二五種、そのうち琉球列島からは二三種が報告されている。

この日、ライトを手にした道で見かけたのは、いずれもサカモトサワガニだった。この日、後述するように別の森も少し歩いたのだが、そこでは、オキナワオオサワガニも見ることができた。このカニは甲羅の幅が五センチになるという、本土のサワガニのイメージからは思いもつかないほど大きいサワガニの仲間だ。

やんばるの森を歩く機会があったら、サワガニにも目を向けてほしいと思う。

コラム：カニとエビ

海のカニには、パンガニ（アカモンガニ）、シィーガニ、ピシガニ、ガサミなどがいる。海のエビには、イビ（イセエビ）、メデタカ（ゾウリエビ）、チマンパンタなど。川にいるのは、ハーガニ（モクズガニ）である。

僕の覚えている最初の記憶は、大きなハーガニ（モクズガニ）を見たことだった。奥では秋雨前線が活発になり雨が降り奥川の水量が増す頃になると、枯れ葉のごとく大量のハーガニが河口に流れ着く。そのさまをウリーガニ（下りてくるカニ）と呼んでいる。雨が降り、川の水かさがまし薄濁りすると、天の恵みとして、競ってウリーガニ捕りに行った。上手なひとはカマジー（南京袋）一杯も捕らえるのである。それを持帰り、ハラミ（卵）を持ったメスは殻ごと磨り潰してスープにしたりして食べた。うす味噌で味付けしたスープは、ハラミの香ばしさと甲殻類特有の甘味があり美味しかった。一方、美味しくない雄ガニは豚の餌にした。

（宮城）

7 沖縄島のクワガタたち

夜の森歩きでは、ライトの光の中に、虫たちも照らし出される。川沿いの未舗装道路を歩いていて、水たまりわきの、しっとりとした泥の上をせかせかと走り回っているのは、オオミイデラゴミムシである。一度、うっかりと素手でこの虫を捕まえようとしてひどい目にあったことがある。オオミイデラゴミムシは、危機が迫ると、お尻から高温のガスを発射するのだ。「あつっ」と手を引っ込めたが、すでに指先の皮膚は、オオミイデラゴミムシの発射したガスによって、褐色に変色していた。

倒木の上には、黒い大型の甲虫の姿もある。やや湾曲した長い脚を持つ、オキナワユミアシゴミムシダマシだ。この虫も、捕まえると独特の化学臭を発する。

と、モクマオウの樹幹に、また別の黒い甲虫がいた。大あごが大きい。クワガタだ。ただ、沖縄島で一番普通に見かけるヒラタクワガタに比べると、体が細長く、大あごもきゃしゃだ。リュウキュウコクワガタ（アマミコクワガタの沖縄島亜種）である。実は、沖縄生活一六年目にして、僕はこの日、初めてこの虫を見た。

沖縄島のクワガタムシ科をリストにすると、以下のようになる。また、比較のため、奄美大島のクワガタムシも併記してみることにする。

奄美大島産

アマミミヤマクワガタ
アマミマルバネクワガタ
マメクワガタ
ルイスツノヒョウタンクワガタ
リュウキュウノコギリクワガタ
アマミシカクワガタ
アマミコクワガタ

沖縄島産

オキナワマルバネクワガタ
マメクワガタ
ルイスツノヒョウタンクワガタ
リュウキュウノコギリクワガタ
アマミコクワガタ

スジブトヒラタクワガタ
ヒラタクワガタ
ヤマトサビクワガタ
ネブトクワガタ

ヒラタクワガタ
ネブトクワガタ

＊なお、リュウキュウノコギリクワガタ、アマミコクワガタ、ヒラタクワガタ、ネブトクワガタでは、沖縄島産と奄美大島産はそれぞれ別亜種とされていて、別個の亜種名がつけられている（アマミコクワガタ沖縄島産亜種↓リュウキュウコクワガタ、アマミコクワガタ奄美大島産亜種↓アマミコクワガタ等）

上記の表を見てわかるように、クワガタムシの仲間は、沖縄島産が七種であるのに対して、奄美大島産は十一種であって、奄美大島のほうが、種多様性が高い。

アマミコクワガタは、西表島に亜種ヤエヤマコクワガタ、沖縄島に亜種リュウキュウコクワガタ、徳之島に亜種トクノシマコクワガタ、奄美大島に亜種アマミコクワガタが分布している。遺伝子の研究からは、アマミコクワガタの中で、ヤエヤマコクワガタがほかの三亜種に比べて遺伝的に離れているという結果が出ている。つまり、共通の先祖から、最初に分岐したのがヤエヤマ

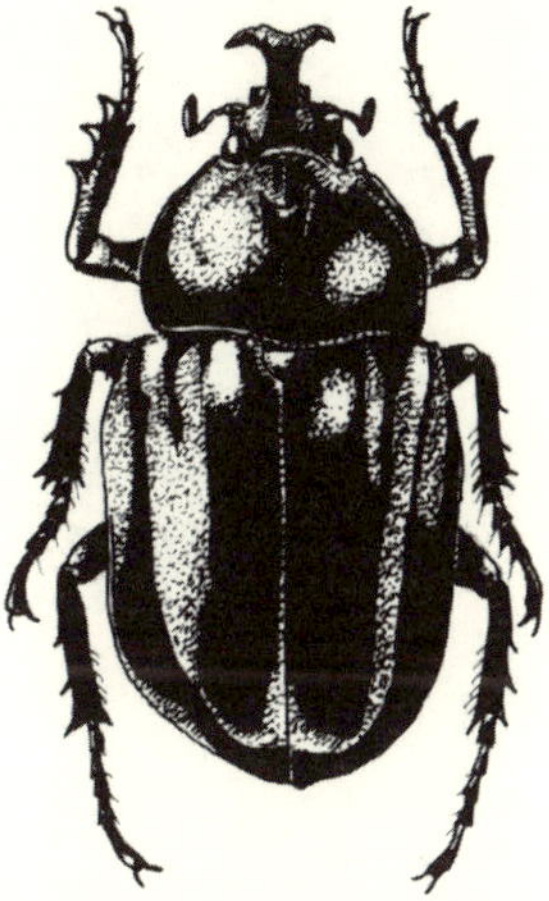

オキナワカブト

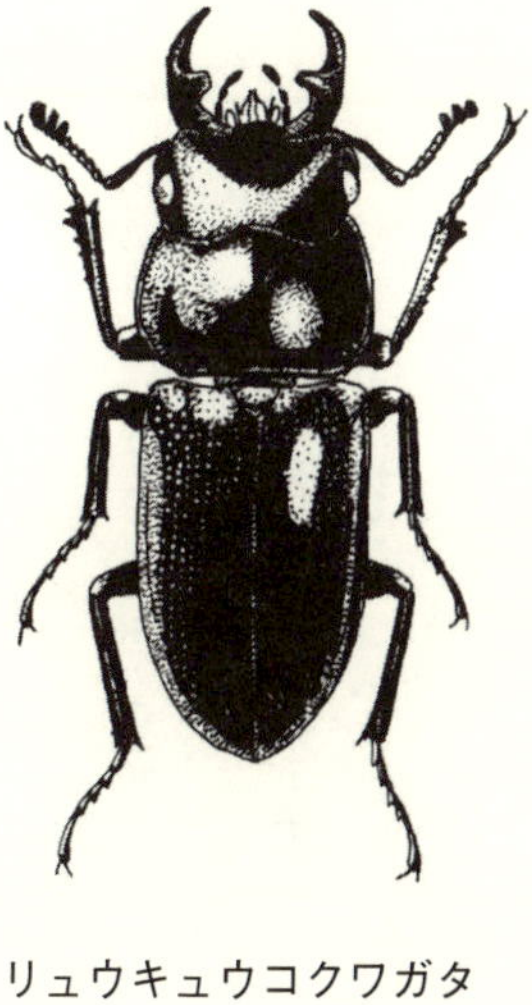

リュウキュウコクワガタ

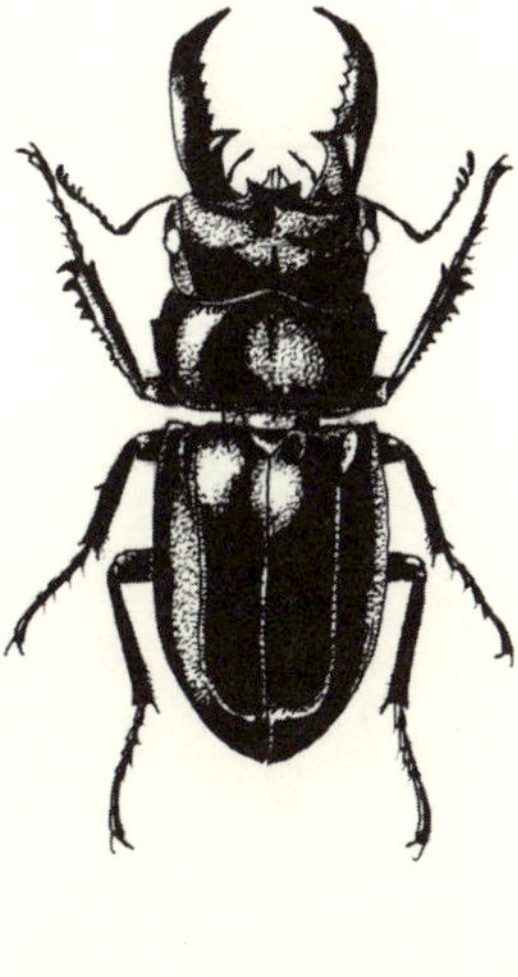

オキナワヒラタクワガタ

コクワガタだということになる。これは、ここまで見てきたように、琉球列島の中でも南琉球と中琉球の生物相には相違があるという一般的傾向と反しない。また、同じ中琉球でも、沖縄島産と徳之島産、奄美大島産に亜種の違いがみられるというのは（遺伝的にも違いがあることが示された）、トゲネズミ類が三島でそれぞれ別種になっていたことと、対応している。

琉球列島のクワガタムシの中で注目したいのは、マルバネクワガタの仲間だ。このクワガタは南方系のクワガタの仲間で、本土には一種も分布していない。琉球列島には、ヤエヤママルバネクワガタ、オキナワマルバネクワガタ、アマミマルバネクワガタ、チャイロマルバネクワガタの四種が分布している。マルバネクワガタは秋に発生するクワガタで、成虫になると樹液や灯りなどには集まらず、林床を歩き回っている姿を見る。このクワガタの移動は歩行によるもので、飛ぶことはなく、島々には、陸橋が存在していた時代に分布を広げたものだと考えられる。ほかの三種と遺伝的にかなり異なるチャイロマルバネクワガタをはずすと、ヤエヤママルバネクワガタは、台湾産のマキシムスマルバネクワガタと、沖縄島産のオキナワマルバネクワガタは、奄美大島産のアマミマルバネクワガタと遺伝的に近いという結果がでている。このように、南琉球の生き物が台湾との関連性が深く、中琉球の生き物は南琉球の生き物とは少しへだたりがある……という結果は、これまで他の生き物たちでも見てきたとおりで、こうした結果は琉球列島の地史が影響している。つまり、やんばるの森に暮らす虫たちにも、琉球列島の成り立ちの歴史は刻印さ

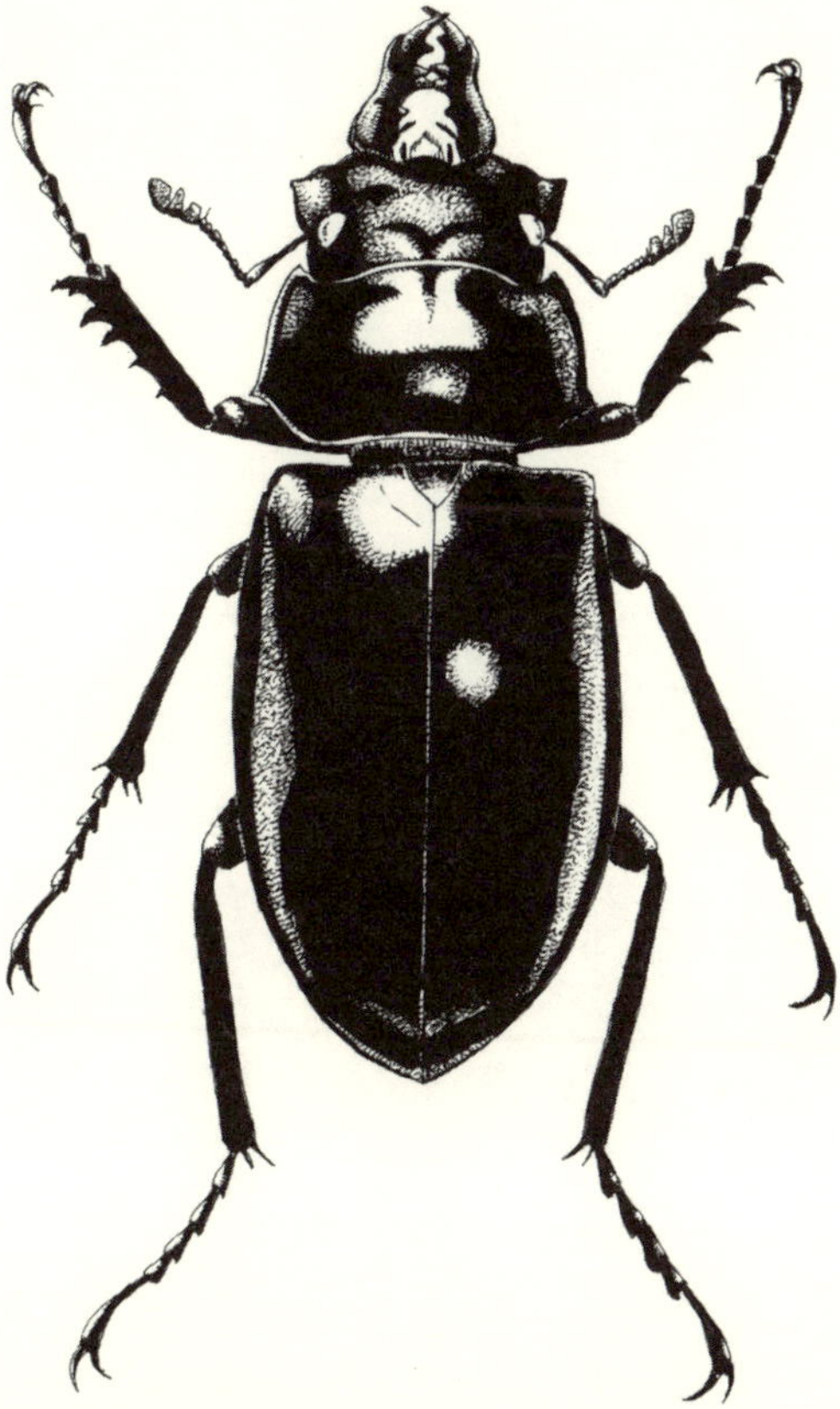

オキナワマルバネクワガタ（53mm）

れているということだ。もっとも、クワガタの中には、ルイスツノヒョウタンクワガタやマメクワガタのように、海流散布によって分布を広げたと考えられる種類もあり、これらのクワガタは島間の個体で比べても、形態的にも遺伝子的にも違いが見られない。

僕は千葉県南端部にある館山で生まれ育った。子ども時代、夏ともなれば、樹液に集まるカブトムシやクワガタを探して歩くのが楽しみだった。僕の生まれ故郷では、虫たちの集まる樹液の出る木といったらブナ科のマテバシイが代表で、集まってくるクワガタのうち一番多くみられるのはコクワガタで、ノコギリクワガタはそれに比べると少なく、ミヤマクワガタをもし見つけようものなら、友人たちに自慢ができた。

民俗植物学者である阪本寧男さんは、自身の京都郊外での幼少期の体験をもとに、子どもたちにとって、里山がどのような自然環境として認識されていたかについてまとめている。この中でやんま釣りとともに行われた代表的な遊びである〝げんじ捕り〟と呼ばれる、カブトムシ、クワガタムシを目的とした虫捕りについて紹介し、当時の子どもたちが、じつによく、実際の種と対応した呼称をそれぞれの虫についてつけていることを指摘している（例えばヒラタクワガタのオスはホンゲンジ、ミヤマクワガタのオスはヘイタイゲンジ、コクワガタはツノナガと呼びわけていたとある)。

では、やんばるの子どもたちは、カブトムシやクワガタを捕ったのだろうか。クニマサさんのコラムによると、遊びの対象となったのは、クワガタではなくてカブトムシのようである。ここで、ひとつ注記を付しておきたい。本土においては、カブトムシは里山で、普通に見られる虫である。一方、沖縄においては、固有亜種、オキナワカブトを見ることは、本土のカブトムシのように容易ではない。本土のカブトムシの幼虫はたい肥の中などによく見られ(そのため里山で普通にみられる)が、オキナワカブトの幼虫は朽木などを利用し、より森林性が強いように思われる。一方、左記のコラムにあるように、クニマサさんは、幼少期、オキナワカブトを採って遊んだ記憶がある(移入種のタイワンカブトではないことは確認済み)。これは、当時、集落内に製材所があったことと関連するように思われ、やんばるでも一時的にカブトムシが人々にとって「身近」な存在であったことがあることを物語る貴重な記録である。

加えて、クニマサさんによる、ヤンマ釣りについてのコラムも併記する。沖縄のヤンマ釣りについても、これまであまり記述されたものがなかったのではないかと思う。

クニマサさんは、子ども時代の虫との関わりについて、もうひとつ、スズメガの蛹に関してのコラムを書いている。このコラムに書かれたのと同じような遊びが本土でも見られ、本土では「唐はどっち?」ではなく「西どっち?」という掛け声がかけられていた。ここで、なぜ「西」なのかというと、西は単に方位を意味しているのではなく、西方浄土を表していると考えられることを、かの柳田国男が「西は何処」という論考で明らかにしている。なお、沖縄でも、かつては唐というのは中国だけでなく、外国全般や、異世界といったニュアンスも含む言葉であったようだ。（盛口）

コラム：カブトムシ捕り

子ども時代には、集落内に製材所があり、夏の夕方になると、そこでカブトムシを競ってとっていた。表面の新しいヒームカ（大鋸屑）を一メートル以上も掘り、黒く朽果てたヒームカの所まで掘りあさっていくと、カブトムシの幼虫や蛹を捕まえる事が出来るのである。皆、必死で掘りあさり、ヒームカブッチャー（大鋸屑が体中に付くこと、ちなみにルルブッチャーなら泥んこのこと）になり、体中がかゆくなると、隣を流れる川のフムイ（淵）に飛び込み、ヒームカを洗い流して、帰宅するのであった。カブトムシが出現する時期がいつだったか覚えていないが、夜になると点灯している電球の明かりを求めて飛び込んでくるカブトムシを見て、つかまえる時期を把握していたと思われる。（宮城）

コラム：ヤンマ釣り

子ども時代、アポープ（ヤンマ類）釣りもした。奥川のウッカーからイビガナシ、ハーランチビと呼ばれるところまでのアムト（堤防）の内側の住居の間はプカーと呼ばれる田んぼとなっていて、一期作は米を作り、二期作は水の確保が困難となる事からタードーシ（田倒しの意味。稲の収穫後、田の水をきり、畝を作り、サツマイモを作る畑とすること）としていた。

夏場になるとその水田地帯にアポープ（ギンヤンマ）が飛来してくるので、子供たちは夕方になるとそれを釣って楽しんでいた。方法は二メートル程の釣竿の先に一・五メートル程の糸にアケーダー（トンボの意。ここではヤンマのエサとなるトンボ類。おそらくウスバキトンボ）をくくり、ゆっくりと飛ばしているとアポープがアケーダーを捕食するためにしがみ付く。そうしたら、ゆっくりと糸をたぐって、アポープを捕えるのである。このとき、捕まえたアポープが雌だったら、それを糸に結び、振り回していると、その雌と交尾するために、アポープの雄がやってくる。そのやってきたアポープの雄がしがみ付いた所を捕まえるのである。最初に捕獲したアポープが雄だった場合は尻尾に田んぼの泥を塗ると雌と間違えて雄を捕えることができるのである。ちなみに、このアポープ釣りはアポープが交尾するのを見て楽しんでいたように思う。

（宮城）

コラム：唐はどこ？

小学生のとき、家の近所に住んでいたおばあさんのアタイ（集落内の畑）の畑仕事の手伝いをときどきした。アタイには里芋も植えられていて、春先になると、葉に黒いヤキムシ（スズメガの幼虫）が現れ、葉をたべ、成長すると土に潜って姿を消した。

アタイを耕していると、この姿を消したヤキムシが土中で蛹となっているのを見つけた。そして、子ども時代は、この蛹を使った遊びがあった。親指と人差し指で蛹の胸部をつまみ、蛹の腹部を上にすると、サナギは腹部を勢いよく、左右に振る。そのとき、「トーヤマーヤガ、ヤマトゥーヤマーヤガ（唐はどこ？　大和はどこ？）」と繰り返し、はやして遊ぶのである。また、持ち方を変え、蛹を水平に持つと、腹部は上下に動くので、そのときは「ウイヤラーダー、ヒサヤラーダー（上はどこ？　下はどこ？）」といってはやすのである。

（宮城）

8 〝初めて〟の生き物たち

道脇の立ち枯れの木を照らすと、オキナワユミアシゴミムシダマシに加えて、何やら黒い虫のシルエットがある。最初はどんな虫だかよくわからなかったが、よくよく見ると、体の細いハチの仲間である。腹部を折り曲げて、長い産卵管を立ち枯れの木に差し込んでいるところだった。立ち枯れの木の中に暮らす虫に産卵中の寄生性のハチなのだろう。しかし、夜の十時過ぎである。こんな時間に産卵するハチもいるというのを初めて知った。それに真っ黒なそのハチは、姿も見たことがないものだ。ひょっとすると珍しい種類かもしれないと思い、捕まえることにした。自力では種類がわからないので、家に戻ってから、神奈川県立生命の星地球博物館の学芸員でヒメバチ類の分類を専門にしている渡邊恭平さんに標本を送ることにした。後日、返信がある。

「ツノヤセバチ科 Megischus 属のハチです。日本から記録がなかった属でしたが、先日、奄美大島で標本が得られ、新種であることが判明しました。沖縄島のは奄美産のものと同種か別種か、詳細をこれから調べてみない

ツヤセバチの一種
体長 25mm

とわかりません」

こうある。やはり、ちょっと珍しいハチであったわけだ。

さて、時計を見ると、十時半。まだ、もう少し森を歩けそうだ。そこで、一度車に戻り、林道を走って場所を変える。車を止めた場所の森の植生は、先ほどとそうかわらない。それでも川沿いの森とは、また違った生き物が目に入るはずだ。

林道の一角に車を止め、ライトを手に歩き回る。

ここで、まず目に入ったのは、草の上にとまるマダラゴキブリの成虫だった。体長は三センチほど。サツマゴキブリが人里近くの緑地に多いゴキブリだったのに対して、こちらは正真正銘、森の中のゴキブリだ。幼虫は一年中、湿った場所の石の裏などで姿を見るが、成虫の姿を見るのは、初夏から夏に限られている。分布は九州南部から奄美大島、沖縄島にかけての一帯であり、これか

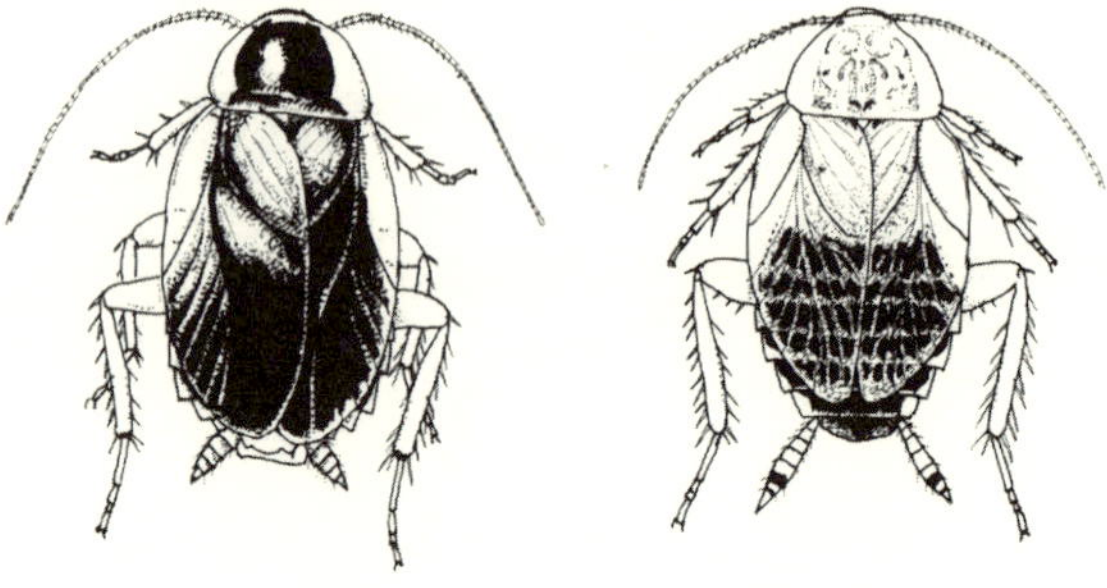

チビゴキブリ　7.5mm　　　サツマゴキブリ　8mm

やんばるで見られる屋外性ゴキブリ

らわかるように、マダラゴキブリの場合はトカラ海峡をまたいで分布している。マダラゴキブリの成虫には立派な翅があるので、飛翔によって分布を広げた可能性も考えられるが、それほど長距離の飛翔を行う虫とは考えられないため、実際にはどのようにしてトカラ海峡を越えたのかはわからない。

付け加えておくと、やんばるの森の中で見かけるゴキブリも、季節によって変化がある。三月中旬に夜の森を歩いたときは、体長一センチに満たないサツマツチゴキブリやチビゴキブリの成虫を見ている。

この日は、ゴキブリ以外にも、同じ直翅系昆虫の一つであるナナフシ類のうち、トゲナナフシとアマミトガリナナフシの姿を見た。枝に似たナナフシは、昼間その姿を探そうと思うと、なかなか目に入ってこないものだが、夜、ライトの光の中ではかえって目につきやすい。そのため、夜の森歩きでは、ナナフシは常連となる。やんばるの森では、以下のようなナナフシを見ることができる。

アマミトガリナナフシ
オキナワエダナナフシ
トゲナナフシ

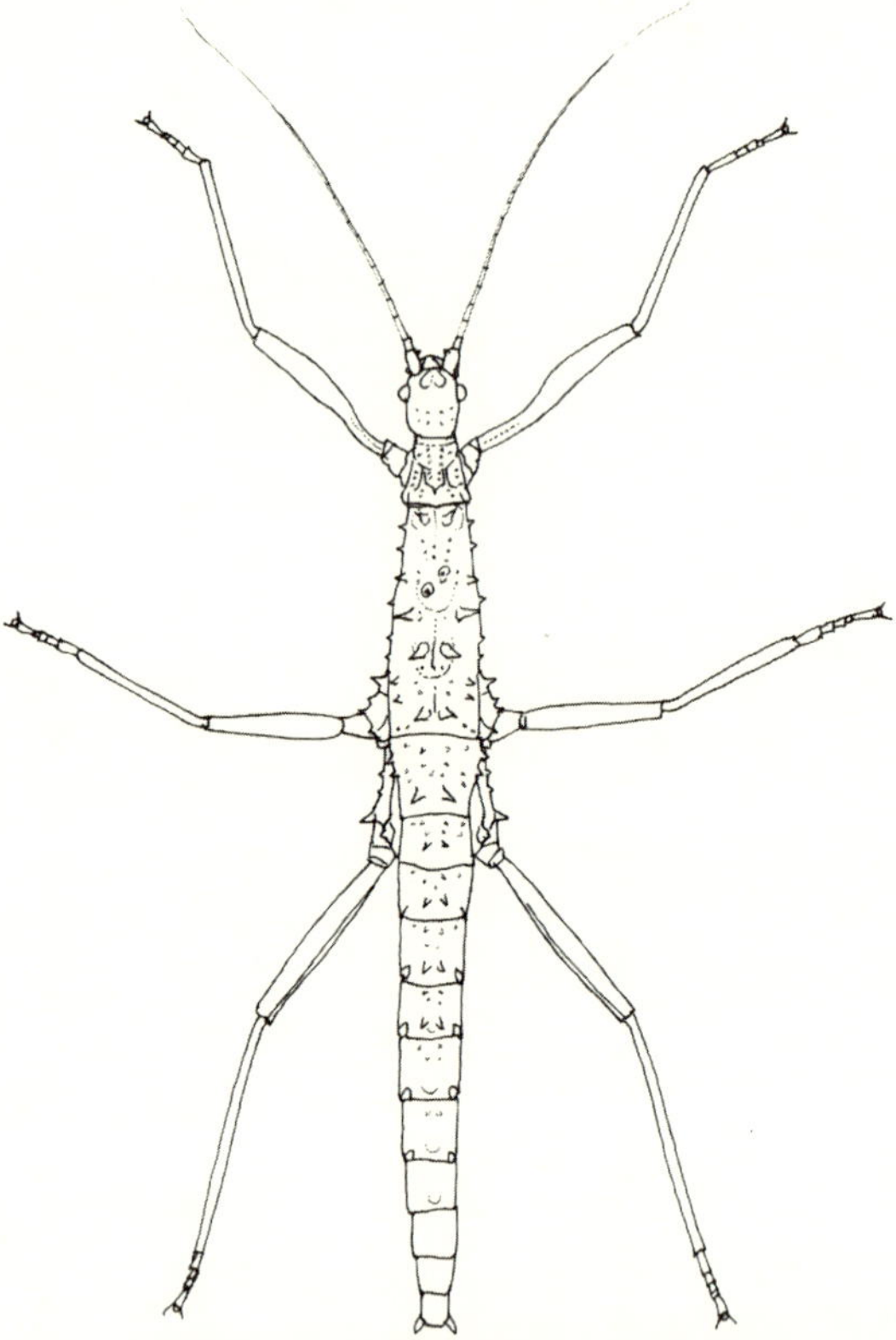

トゲナナフシ　(58mm)

ニホントビナナフシ
タイワントビナナフシ
コブナナフシ

林道歩きで、次にライトに照らされたのはザトウムシの仲間だった。ザトウムシというのは、クモやダニ、サソリと同じ鋏角類と呼ばれるグループに含まれる生き物だ。いずれも頭部に鋏角と呼ばれる、鋏状の付属脚を持つことを共通点としている。ちなみに、クモの場合、一般に「キバ」と呼ぶ部分がこの鋏脚にあたる。ザトウムシという名前を知らなくとも、脚が異様に長いクモのような生き物……というと、「ああ」と思われる人もいるかもしれない。ただし鋏角類の中では、ザトウムシはサソリに比較的近い一方、クモとは遠縁だと考えられている。クモは頭胸部と腹部に明瞭に体が分かれているが、ザトウムシの頭胸部と腹部の境目はクモのようにくびれ

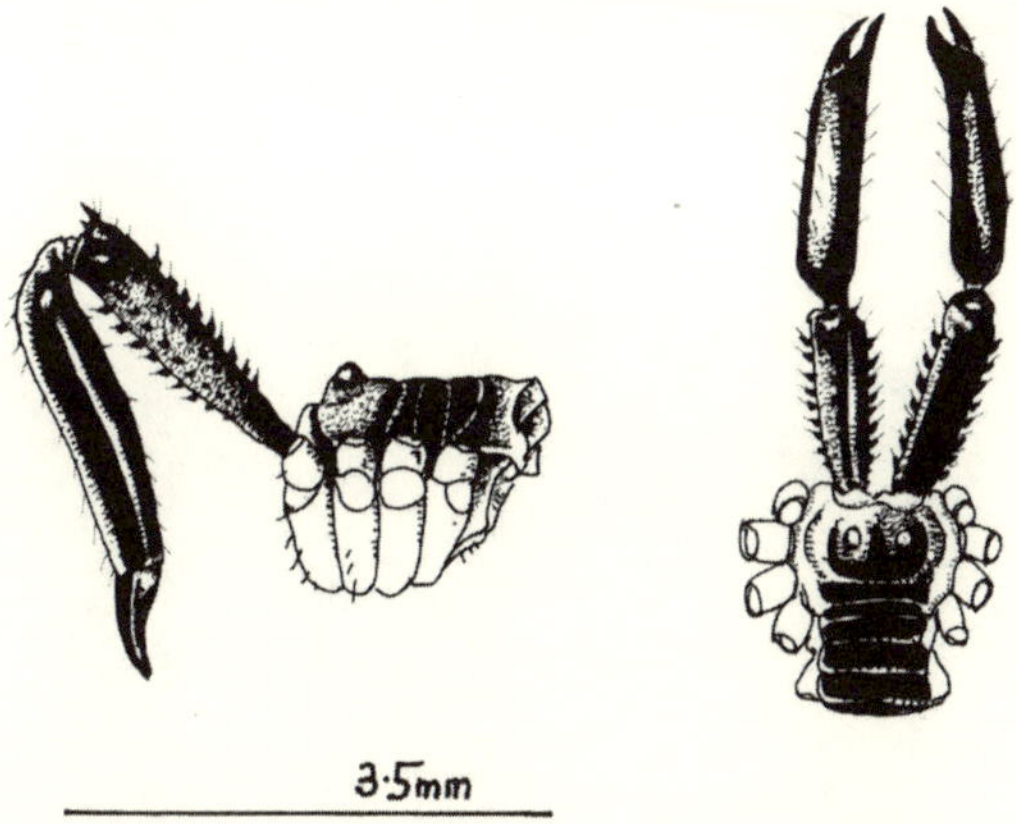

ザトウムシの一種
歩脚はとりのぞいてある

ていない。また、ザトウムシは頭胸部の中央部近くに一対の眼があるなど、よく見るとクモとは体制が随分と異なっている。

　ザトウムシは乾燥に弱いので、那覇のような街中では見ることはない。しかし、夜のヤンバルの森では、あちこちでその姿を見る。僕はまだ、この仲間の種類をきちんと特定できないのだが、この日、ふと見たザトウムシが気になったのは、いつも目にするザトウムシより体が小さくて、頭部についている鋏角が体の割に随分と立派だったからだ。こうした姿をしたザトウムシの仲間がいることは知っていたが、実物を見るのは初めてのことだった（それまでは、たとえ目にしても、ただ単に気づいていなかっただけかもしれないが……）。ともあれ、先のリュウキュウコクワガタとツノヤセバチの一種に加えて、これでこの日、「生まれて初めて見た」生き物が三種類目となった。何度もやんばるの森に通っていても、こうしたことがある。先にも触れたがこれが、やんばるの森の魅力の端的な例だ。

　夜十一時を過ぎた。さて、そろそろ車に戻り、眠ることにしようか。森の中でそんなことを考えていると、〝キョキョキョキョキョキョ……〟というけたたましい鳴き声が森の中に響く。ヤンバルクイナの鳴き声である。

「沖縄の生き物と言えば？」という問に、まず返される生き物の名前がヤンバルクイナだった。一方、沖縄県民であっても、そうそうヤンバルクイナの姿を見たことがない人が多いし、鳴き声も聞いたことがない（もしくは鳴き声を聞いてもそれとわからない）人が多いだろう。梅雨時期、早朝、林道を車で走っていると、あわてて森の中に走り込むヤンバルクイナを時々見る。しかし、夜の森歩きでは、ヤンバルクイナの姿を見ることはなく、鳴き声ばかりを耳にする。それでもヤンバルクイナの声を聴くたびに、「ああ、自分はやんばるの森の中を歩いているんだな」という実感がしみじみとわく。

ヤンバルクイナについては、次章であらためて取り上げてみることにし、ここで、一度夜のやんばるの森から離れることにしよう。

なお、やんばるでは、車による生き物の轢死を防ぐために、夜間、侵入が禁止されている林道が設定されている。実際に夜の森を歩く際は、そのような点にも注意を払う必要がある。

三章　化石から考えるやんばるの生き物たち

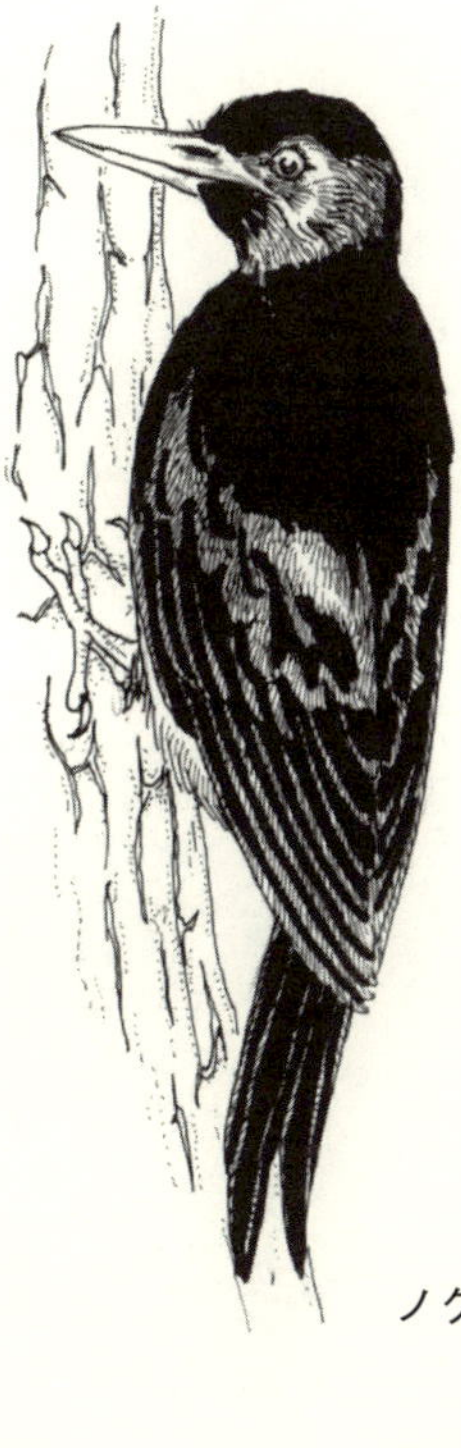
ノグチゲラ

1 フィッシャーの化石

ここで、僕が沖縄に移住したばかりのころのことに少しふれてみたい。

沖縄に移住したばかりのころ、やんばるの森はどこか、遠い存在としてあった。それは距離的な問題だけではなく、心理的にもそうであった。

「やんばるの森に入るのに抵抗がある」「やんばるの森にどう入っていいかわからない」

そのような思いを持っていたのである。そのため、その頃の僕は那覇の住居から近い、沖縄島南部をよく歩き回った。振り返ると、そのとき、見聞きしたことが、今、やんばるの森を考えるうえで貴重な経験となっている。ここで取り上げようと思うのは、沖縄島南部を歩き回っているときに気づいた、フィッシャー（石灰岩のガケに垂直に見られる割れ目）内に見られる化石についての知見だ。

沖縄島南部は石灰岩が広く分布している。琉球石灰岩と呼ばれるこの石灰岩は、元をたどると、五〇万年前ほどに浅い海で形成されたサンゴ礁である。琉球石灰岩は、ブロック状に割り石垣などに利用されてきた。近年では重機によって採掘され、粉砕されたものは道路の敷石などにも利用されている。そのため、石灰岩地である沖縄島中南部には、ところどころに、石灰岩の採掘場やその跡地がある。ある日、沖縄島南部を車でめぐっていて、そうした古い石灰岩の採掘場跡地に残された石灰岩のガケに、フィッシャーがあることに気が付いた。そこで、僕は車を降りて、フィッシャーに近寄り、その中に堆積した土中に化石が含まれていないか見てみることにした。

　一般に、化石は海底や湖底、川岸など、生き物の遺骸が土砂で埋まりやすい場所で形成される。化石の中で最も普通に見られるのが貝であるのは、そうしたためだ。ところが陸上においても、石灰岩に地殻変動などが原因で割れ目（フィッシャー）ができると、その中に落ち込んだ生き物や、流されてきた生き物の遺骸が化石となって残ることがある。このように、フィッシャーの化石は水辺に堆積したものではないので、一般的に見られる化石と異なり、陸上の生き物の化石が多く含まれるという

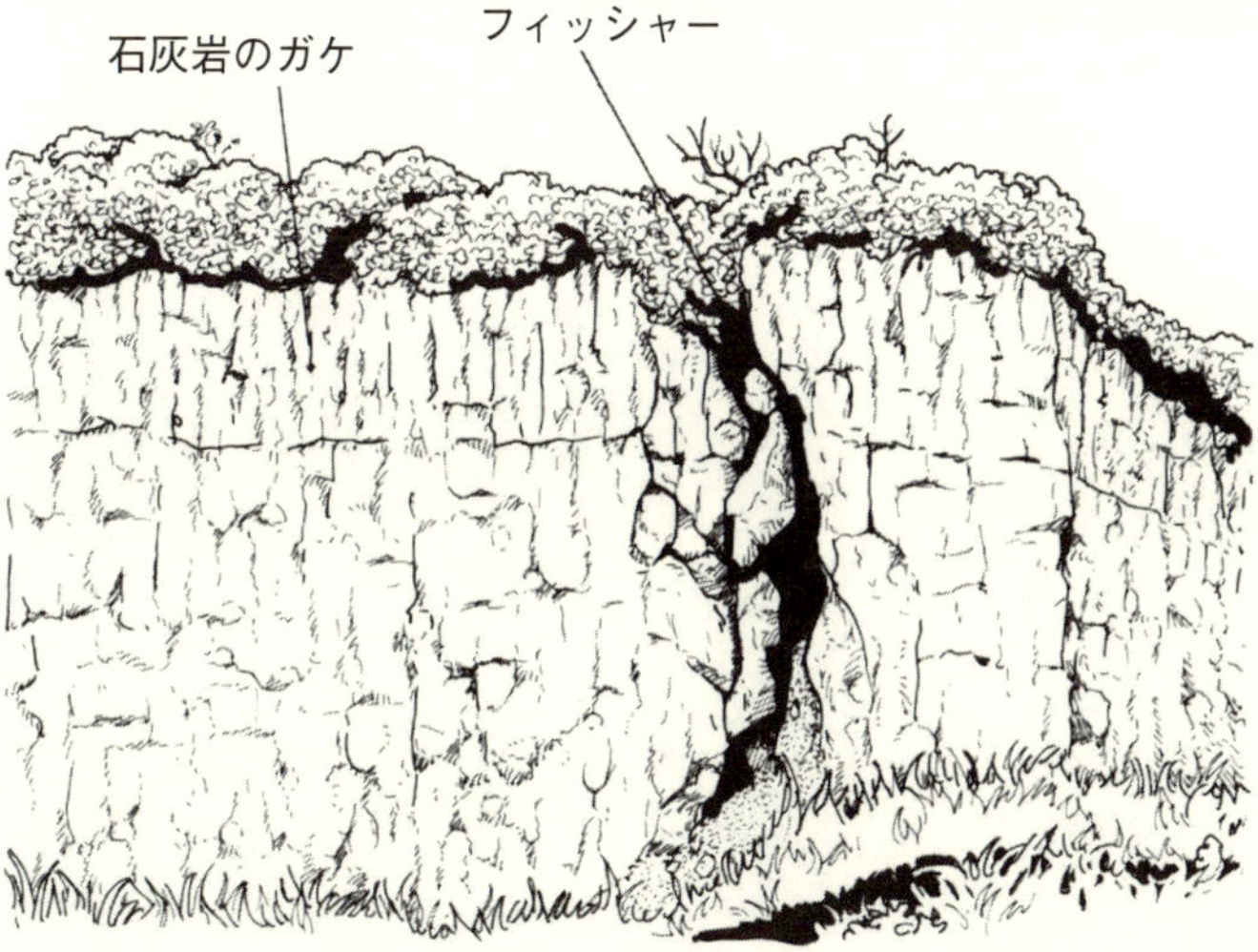

特徴がある。また、石灰岩はアルカリ性であるため、フィッシャー内に落ち込んだ生き物の骨や殻をよく保存する。加えて、沖縄島の中南部のフィッシャー内で見つかる化石は、数万年前以降という新しい時代のものである。フィッシャー中からは、狩猟採集を行っていた時代の人類に化石が含まれることもある。つまり、フィッシャー内の化石は、沖縄島に住みついた人々が、農耕をはじめ、環境を大きく改変する以前の生物相の一端を明らかにしてくれる貴重な存在であるのだ。

僕がフィッシャーの化石に興味をもったきっかけは、沖縄島南部に位置する佐敷町（現南城市）の町史を手に取ったおり、その中にフィッシャーに含まれる化石が紹介されていたことによる。この本の中で紹介されていたのは、カタツムリの化石で、そこには現在佐敷町では見られない種類があることと、沖縄島から絶滅した種類があることが紹介されていた。そもそも、カタツムリの化石というもの自体、フィッシャー化石でもなければ、一般的に見るものではないから、興味をひかれたのである。

2 フィッシャーのカタツムリとカニ

フィッシャーの近くまで寄ってみると、フィッシャーにつまった土の中に、点々と白いカタツムリの殻が見え隠れしているのが見えた。足元には、フィッシャーから流れ落ちた土砂がたまっていて、そこにもカタツムリの殻が点在している。そこで、いくつかの殻を手に取ってみる。

沖縄島中南部は石灰岩地が広がっている。そのため、カタツムリが多産する。カタツムリは殻を作るのに石灰分を必要とするので、石灰岩地を好むのだ。那覇市内の緑地である末吉公園の例をあげてみよう。公園の林内で、地表一メートル四方内に落ちていたカタツムリの殻をすべて拾い上げた結果は以下の通りになった。これを見ると、沖縄島南部に、いかにカタツムリの個体数が多く見られるかがよくわかると思う。

オキナワヤマタニシ　244個
オキナワウスカワマイマイ　4個
シュリマイマイ　4個
パンダナマイマイ　4個
アフリカマイマイ　1個

さて、佐敷のフィッシャーの土の中から見つかるカタツムリ化石を拾い上げてみる。カタツムリの中には、殻の大きさが数ミリというものもあって、これは土ごと持ち帰りルーペを片手に根気よく探す必要がある。が、まずは目につく大きさのものを拾い上げてみる。その結果は次のようになった。

ヤマタニシ類　121個
イトマンマイマイ　118個
カツレンマイマイ　44個
ヤマタカマイマイ　2個
アマノヤマタカマイマイ　2個
キセルガイ類　9個

オキナワヤマタニシは、南部の林で最もよく目にするカタツムリだ。それこそ、街中にある、僕の勤務校の構内にも多産する。フィッシャーからもこのヤマタニシの仲間が一番たくさん出土する。ここで「ヤマタニシ類」と表記したのは、フィッシャーの土中から見つかるものと、現生のものでは、大きさがずいぶんと異なり、オキナワヤマタニシに同定していいか自信が持てないためである。ためしにフィッシャーから出土するヤマタニシ類一九五個の殻の大きさを計測した

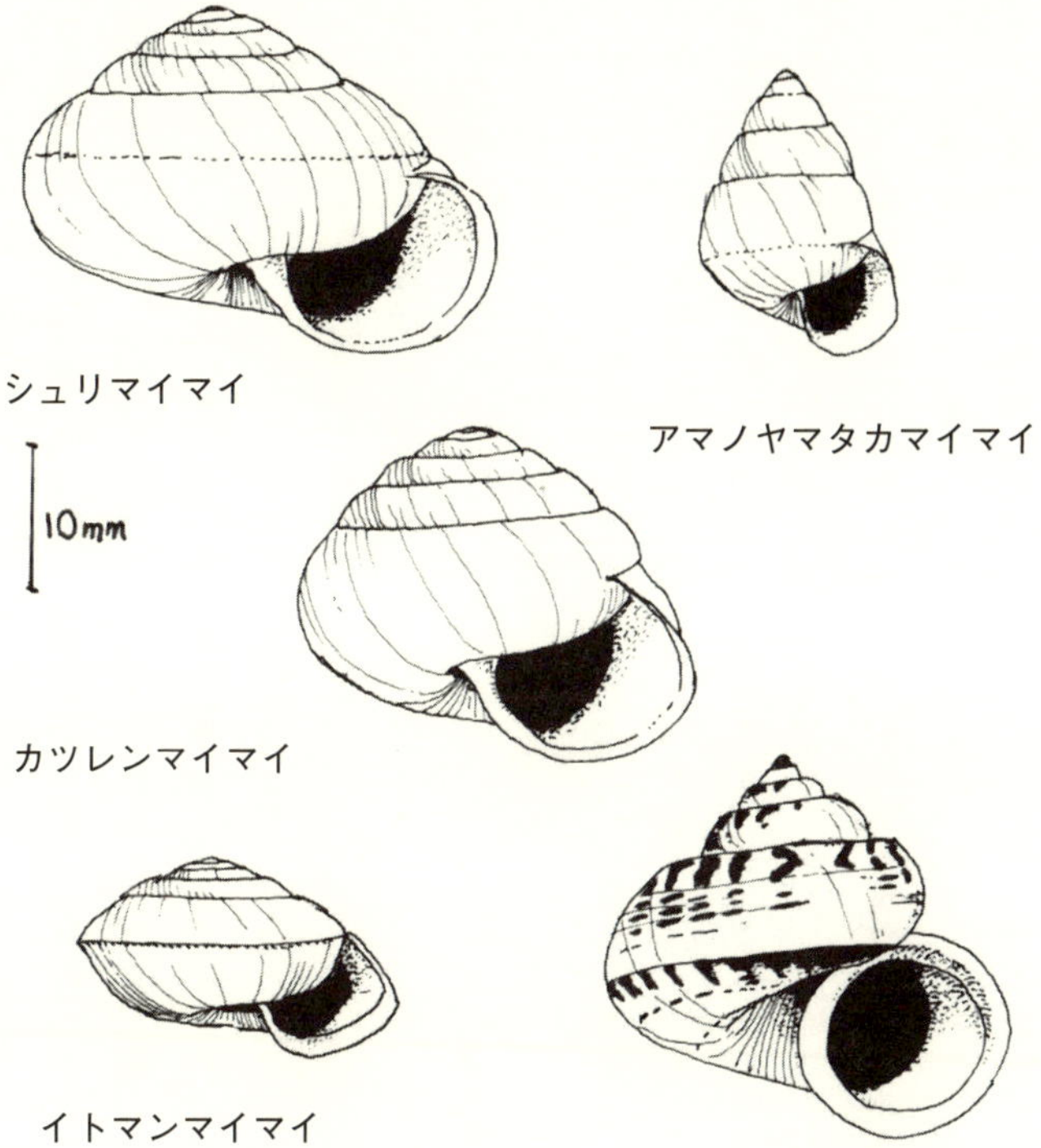

フィッシャー中の化石カタツムリ　　ヤマタニシ類

ら、最大のものは殻径が三三ミリあった。ただし、中には一二ミリしかないものもある。計測した殻径を、四ミリ幅ごとに集計して見ると、最も個体数が多かったのは二〇～二四ミリのもので、殻の大きさにはずいぶんとばらつきがみられた。これを那覇市内にある末吉公園のオキナワヤマタニシと比べてみる。総計七四個の計測値は一六ミリ～二八ミリの中にすべておさまり、フィッシャーから出土するものほど大型の個体も小型の個体も見当たらなかった。もっとも個体数が多かったのは二〇～二四ミリのものである点はフィッシャー内の化石と変わらないが、フィッシャーの化石では、殻径二四ミリ以上のものが全体の二七・四％を占めたのに対し、現生の末吉公園のものではその値が五・四％しかなかった。明らかに化石個体群のほうが、より大型のものがみられ、大型のものの占める割合が多いということになる。

ただし、これは化石のものと現生のものでは種類が異なるということを必ずしも意味しない。同じ種類でも、環境によって、殻の大きさが異なることが考えられるからだ。

やや平たい、レンズ状の殻のイトマンマイマイもフィッシャーからはたくさん見つかるカタツムリだが、フィッシャーの周辺では、現在、イトマンマイマイの生きたものの姿を見ることはない。一方、やんばるの森に行くと、今でもこのカタツムリの生きた姿を見ることができる（ただし、これほど高密度に棲みついてはいない）。

また、スリムな円筒形で、ソフトクリームを思わせる形をしたアマノヤマタカマイマイは沖縄島南部固有のカタツムリだが、その分布地は極めて限られている。フィッシャーからもこのカタツムリは見つかっているが、現在、フィッシャーの周辺で、このカタツムリの生きた姿を見ることはない。

全体的に丸っこい形をしたカツレンマイマイの場合は、沖縄島のどこをさがしても、生きた姿を見ることはできない。つまりカツレンマイマイは絶滅種のカタツムリである。

このようにフィッシャーの形成された時代と現代では、カタツムリ相に違いがあることがわかる。その違いを生んだ原因は、当時と現在で、環境に何らかの変化が起こったためではないかと考えられる。ちなみにこのフィッシャーから出土するカタツムリについては、詳細なリストが報告されている。それによれば、三十四種のカタツムリ化石がこのフィッシャーからは出土している（Azuma Y. 2007　ただし同定結果の一部には異論もある）。

フィッシャーの土中には、カタツムリと共に、カニのハサミの化石も多い。陸上で堆積した土壌の中から出土する化石であるので、淡水に暮らすサワガニのものだ。しかし、ハサミだけからは種類の同定は困難だろうと考えていた。ところが、のちにカニの研究者である成瀬貫さんに見ていただくことで、このフィッシャーからみつかるカニの化石は、ヒメユリサワガニであることが判明した。ヒメユリサワガニは、沖縄島に生息するサワガニの中で、最も陸棲に適応した種類で、石灰岩地に見られる。このカニは歩脚がクモのように細長く発達しているのが特異だ。ヒメユリサワガニは南部の石灰岩地のほか、やんばるの石灰岩地にも棲みついている。もっとも昼間は石の裏や、石灰岩の割れ目に潜んでいるため、その姿を見ることはない。一度だけ、この佐敷フィッシャー周辺でヒメユリサワガニの死体を拾い上げたことがあるので、現在でもこのカニは、フィッシャー周辺に棲みついているようだ。が、化石からすると、現在よりもかつてのほうが、より個体数も多く、また個体の大きさも、より大きかったようだ。これもまた、化石が堆積した時代と現代との間の何らかの環境の違いを現わしていそうだ。

3 ネズミの化石

フィッシャーの土をさらに丁寧に見ていくと、脊椎動物の骨も含まれていることがわかる。沖縄島南部にある

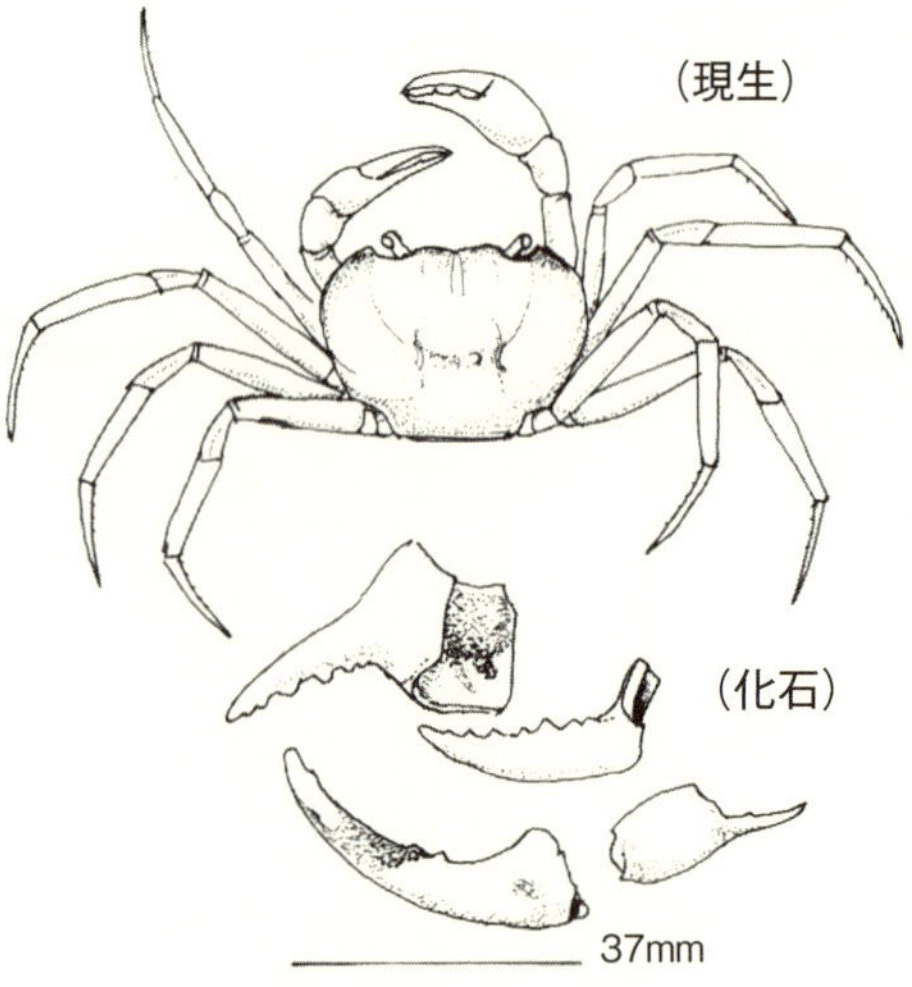

ヒメユリサワガニ

旧具志頭村港川のフィッシャーからは、シカ類の化石に混じって、約一九〇〇〇年前の人骨（港川人）が発見されている。このフィッシャーの近くにある鍾乳洞内からもシカ類の化石が見つかっている。沖縄島にかつて棲みついていたのは、リュウキュウムカシジカとキョンの仲間の二種類である。このフィッシャーには何度も通ったが、シカ類の化石は数個しか出土していない。代りに見つかるのは、もっとずっと小型の脊椎動物であるネズミ類、鳥類、両生爬虫類の骨である。ばらばらになっている、小型の脊椎動物の骨は、最初のうち、どんな動物のどこの骨であるか、さっぱりわからなかった。現生の動物の骨を拾い集め、比較するうちに、少しずつ特徴的な骨からその正体がわかる。

まず、最初に目に留まったのは、ネズミ類の下あごである。また、あごの骨からはずれたネズミ類の特徴的な切歯も目に入る。これは発見頻度も割と高かった。例えばフィッシャーの土五キロの中には、ヒメユリサワガニのハサミが一八個とネズミ類の下あご及び切歯が五個含まれていた。では、このネズミはなんだろうか。

現在、やんばるの森には、移入動物のクマネズミが広く生息している。それ以外に、在来のオキナワトゲネズミとケナガネズミが見られることは前述した。また、このほかに在来と思われるネズミ類にオキナワハツカネズミがいる。

フィッシャーから見つかったネズミ類のアゴは、ケナガネズミほど大きくはない。また、ハツカネズミ類よりは大きい。残る可能性は、オキナワトゲネズミかクマネズミ、またはそれ以外の絶滅種のネズミ……ということになる（宮古島からは、絶滅した草原性のハタネズミ類の化石が見つかっている）。琉球大学農学部の博物館（風樹館）に所蔵されているオキナワトゲネズミの頭骨標本とフィッシャーから出土したネズミ類の下あごを比較して見たところ、形態はよく一致した。すなわち、フィッシャーからみつかるネズミ類はオキナワトゲネズミのものということがわかった。もちろん、下あごや歯だけでなく、フィッシャーの土をよく見ると、手足の骨なども含まれていることもわかる。さらに、フィッシャー通いを続けるうちに、ずっと大型のネズミ類の骨であるケナガネズミの骨も見つけることができた。ただし、その出現頻度はトゲネズミに比べずっと少なく、下あごは不完全なものを一つ見つけるのにとどまった。

こうして見ると、現在はやんばるの中でも、本当に限られた狭い範囲内にしか生き残っていないオキナワトゲネズミが、かつてはごく普通に見られた動物であったことがわかる。同時に、現在はやんばるとは見られる動物相が異なる沖縄島南部にも、やんばると同様の生物相が分布していたということがうかがえる。

4 カエルの化石

かつては、沖縄島南部にも、やんばるの森で見られるような動物相が棲みついていた……このことを、よりはっきりと教えてくれるのが、フィッシャーから出土するカエルの骨である。

佐敷フィッシャーの土からカエルの骨が出土することにも気が付いた。これも現生のカエルの骨と比較しながら、少しずつ、その正体を鑑定していった。カエルの骨は特徴的であるので、出土した骨がカエルの骨であるかどうかを鑑定すること自体はそれほど難しくない。しかし、沖縄島に在来するカエルは一〇種いるので、出土したカエルが、何という種類かを調べるには、より細かな特徴まで調べ、比較する必要がある。これにはかなりの熟練が必要とされる。また、沖縄島に生息するカエルのうち、御三家ガエル（オキナワイシカワガエル、ナミエガエル、ホルストガエル）は天然記念物に指定されているため、おいそれと比較の資料を手にするわけにはいかない。

フィッシャー内から出土するカエルの骨には、大型のものが見受けられた。沖縄島南部には、現在、在来種としては、オキナワアオガエル、リュウキュウカジカガエル、ヒメアマガエルが見

リュウキュウアカガエル

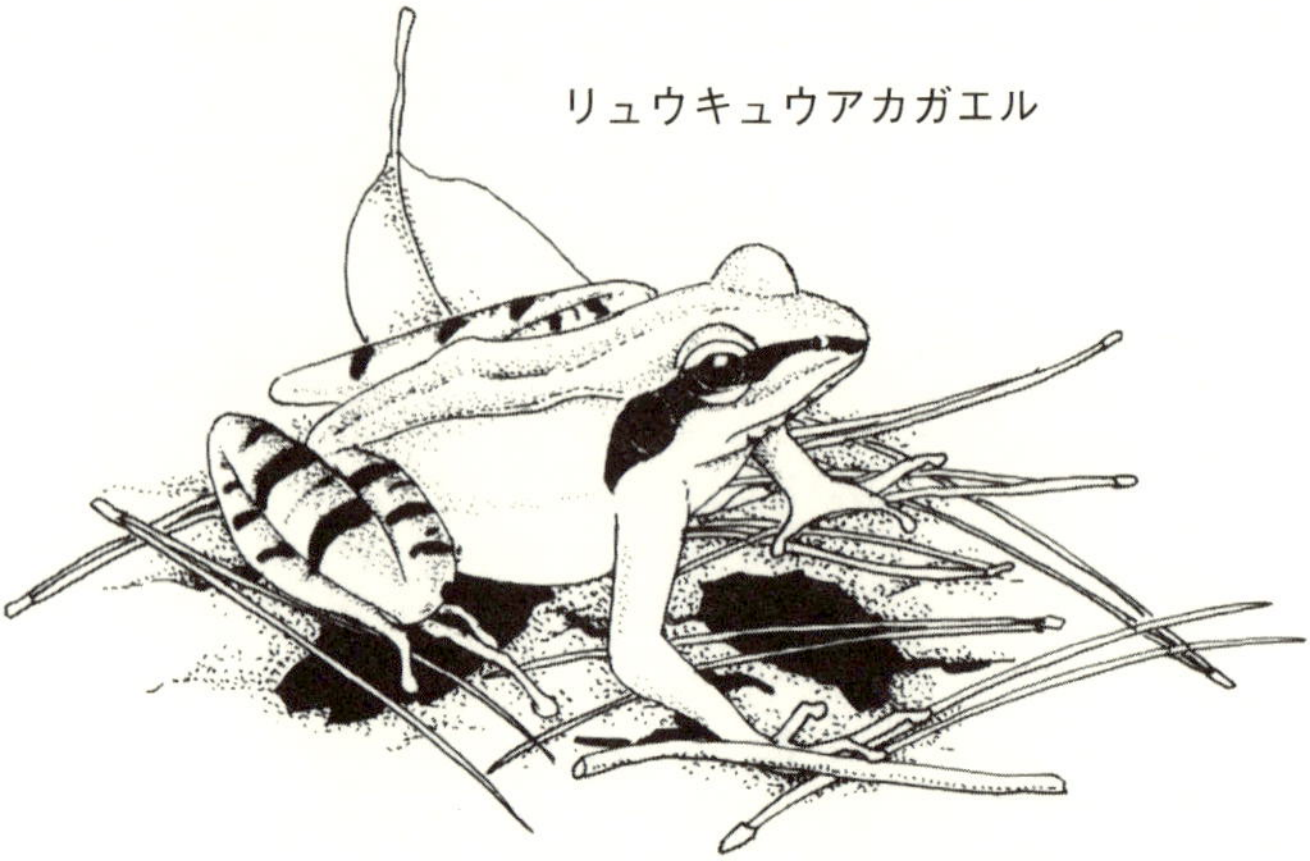

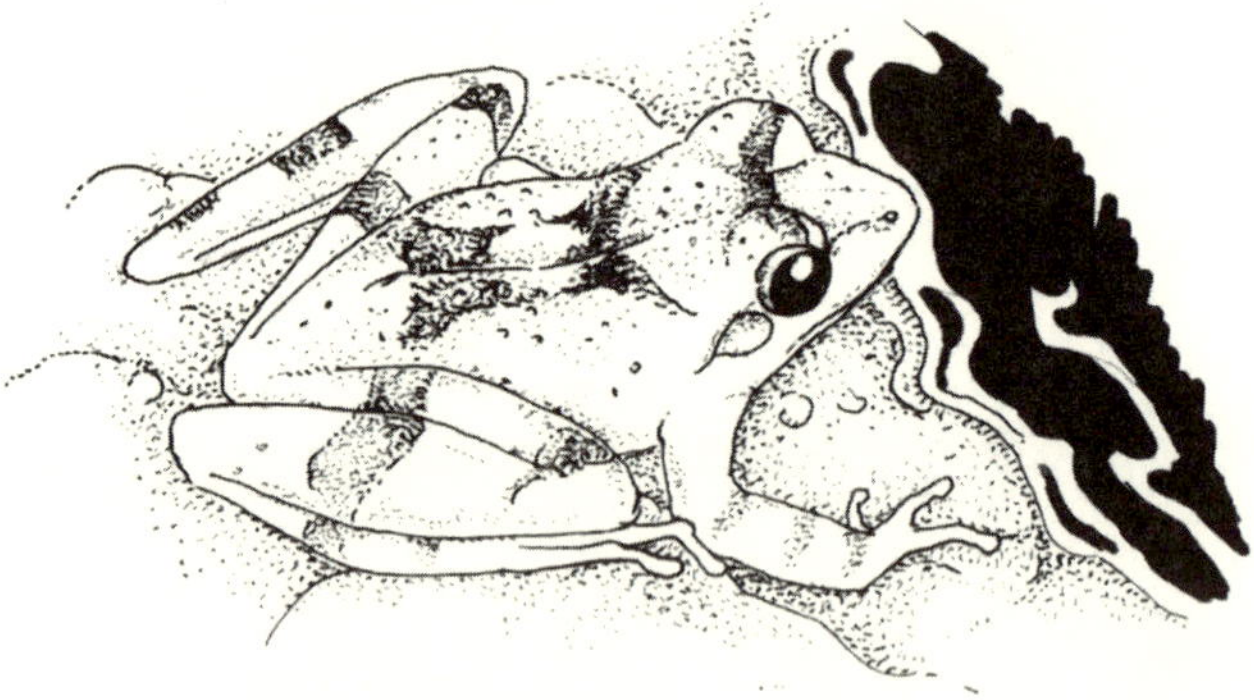

リュウキュウカジカガエル

られるのみだから、フィッシャーのカエル化石には、現在はやんばるでしか見られない、より大型の御三家ガエルのどれかであることは明らかだ。

このフィッシャーのカエルを含めた両生類の化石については、琉球大学の中村泰之さんが詳しい研究を行うことになり、僕が見つけたカエルの化石もすべて中村さんに提供した。中村さんは、佐敷フィッシャーに加え、港川フィッシャーからの化石も調べている。結果、沖縄島南部のフィッシャーには、八種類のカエルと二種のイモリの骨が含まれていることがわかった。そしてカエルの中には、現在はやんばるの森でしか見られない、ナミエガエル、ホルストガエル、オキナワイシカワガエル、リュウキュウアカガエルの骨も含まれていることが分かった。これらは、いずれも幼生は森の中の流水環境で生活する種類（池などで見られるものではないということ）である。それは結局、沖縄島南部に、それだけの流水をもたらす、湿潤な森林環境が成立していたことを示すことになる。また、中村さんはフィッシャーから出土するカタツムリから年代測定も行っている。結果、フィッシャー底部は二八七二九〜三一七四五年前という値が出、一方でフィッシャーの上部では三九〇四〜五五五八年前という値がでた。すなわち、同じフィッシャーでも底部と上部では堆積年代にずいぶんと違いがあるということだ。このうち、下層からは先に書いたような御三家ガエルやリュウキュウアカガエルの化石が出土し、その中でもリュウキュウアカガエルの化石が多く見られることが分かった。それに対して、上層では、見つかる化石はリュウキ

オキナワイシカワガエルの化石

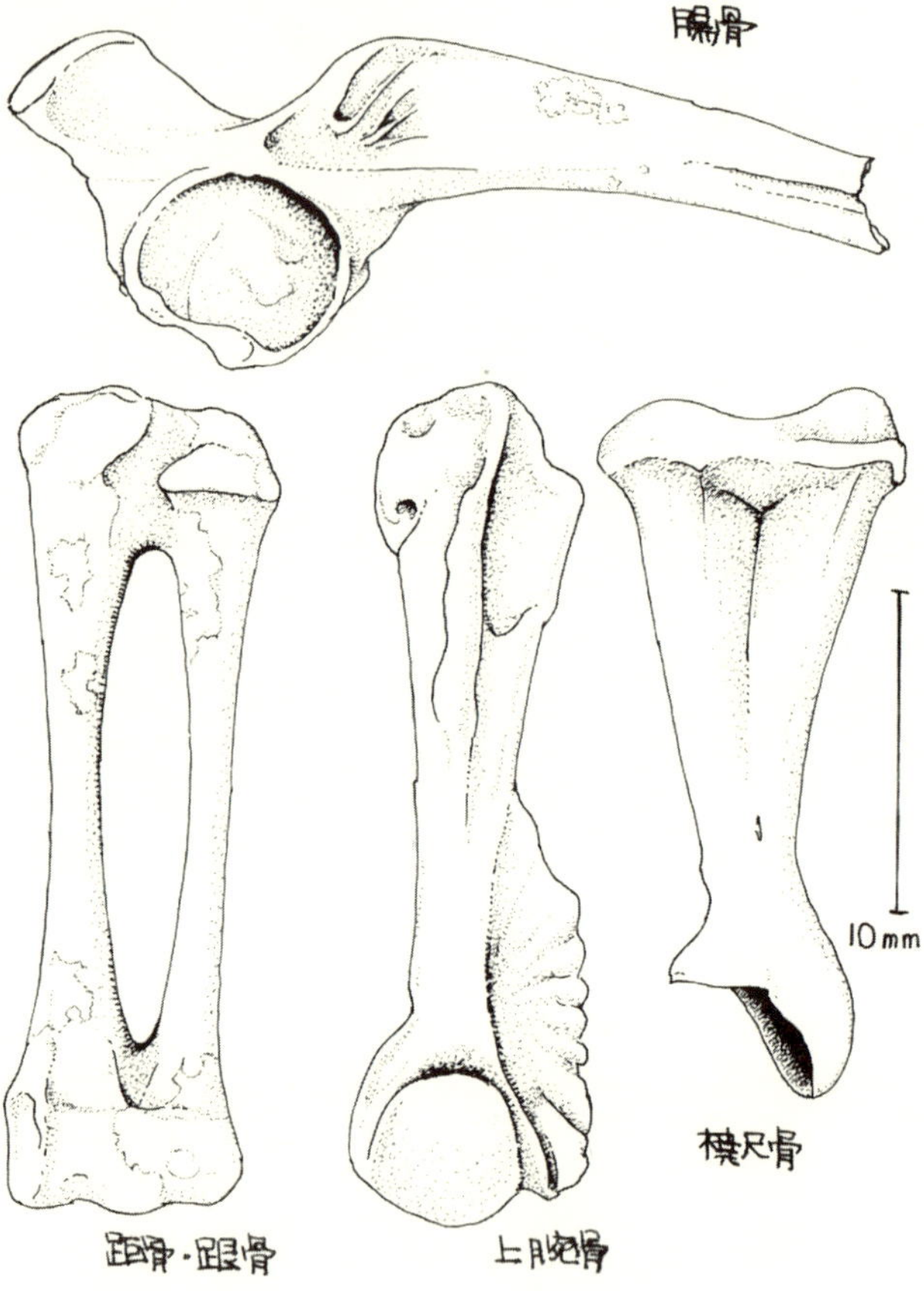

カエルの骨

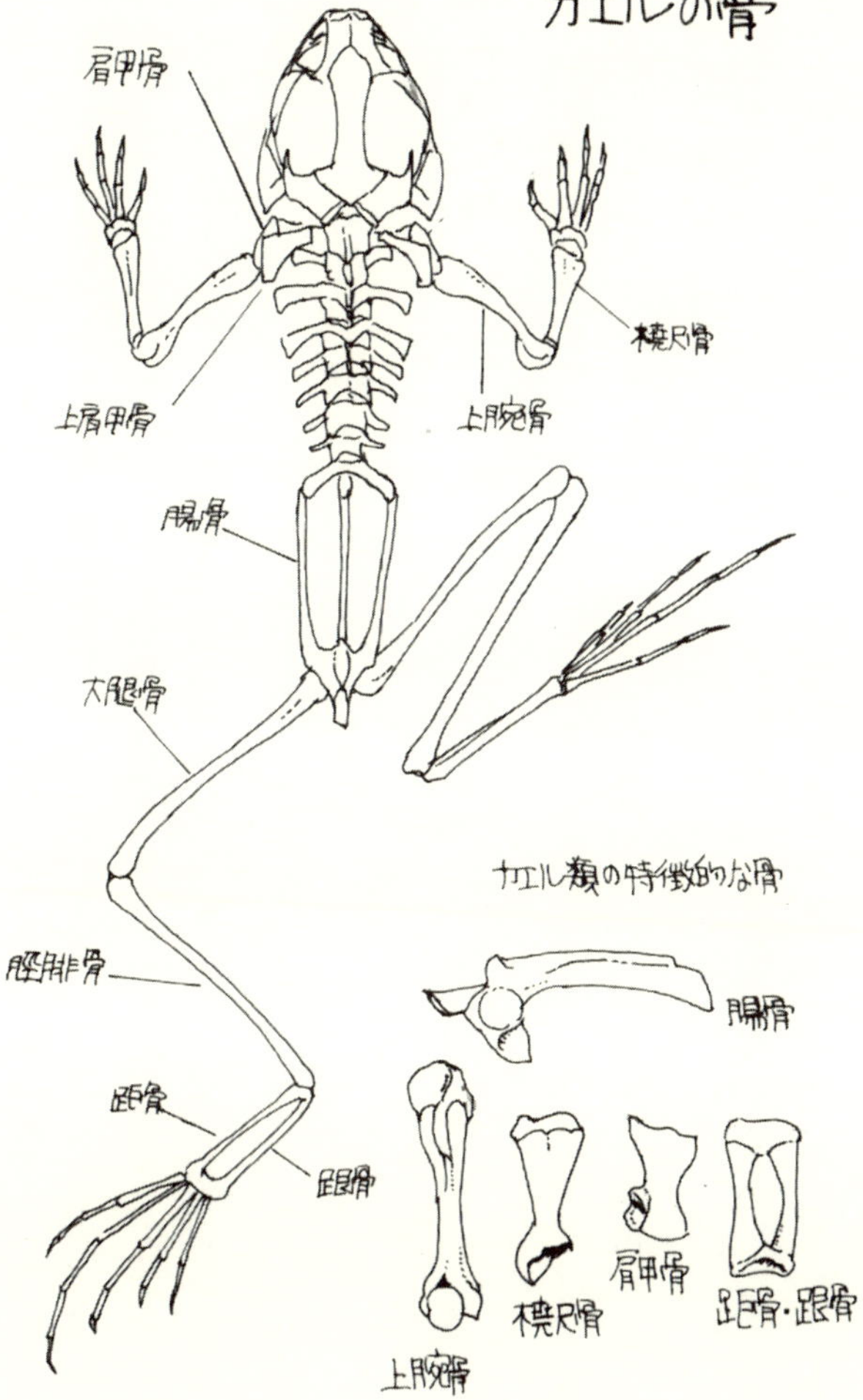
肩甲骨
橈尺骨
上肩甲骨
上腕骨
腸骨
大腿骨
脛腓骨
距骨
跟骨
カエル類の特徴的な骨
腸骨
上腕骨
橈尺骨
肩甲骨
距骨・跟骨

ユウカジカガエル、ヒメアマガエル、オキナワアオガエルという、現在の南部でも見られる種類に限られてしまうことがわかった。これからすると、数万年前の沖縄島は、南部まで深い森が覆っており（石灰岩地であるため、優占樹種については、やんばると異なっていた可能性がある）、オキナワトゲネズミや御三家ガエルなど、現在はやんばるに生息地が限定される動物たちが棲息していたが、数千年前になるどこかで、森林環境に変化が見られ、棲息動物相にも変化が起こったということになる。

5 鳥の化石

フィッシャー内に含まれている鳥の化石のうち、一番数が多く、比較的大型の鳥のものは、現生の標本との比較からアマミヤマシギのものと判定した。アマミヤマシギの化石は、港川フィッシャーからも見つかっている。

アマミヤマシギは主に奄美大島に生息している琉球列島の固有種であるが、一部、沖縄島にも渡ることが知られている。アマミヤマシギは、奄美大島の林道を夜間、車を走らせると、路上に立っているその姿をみることがある。路上で見かけるアマミヤマシギは、車がごく近くに近づくまで、飛び立つことがない。沖縄島にも奄美大島にも、本来は陸棲の大型捕食獣は生息していない。海洋島の生き物に見られる特徴（島症候群）として、「防御能力が低下する」という特徴があった。中琉球は大陸島であるものの、ほかの陸地から隔離された歴史が長いと考えられている。そのため、中琉球の島々の生き物や、その生態系は海洋島的な側面も一部持ち合わせている。アマミヤマシギも捕食者不在の島に棲みつくようになって、地上生活性を発達させるとともに、飛翔性が先祖より低下し、その結果として、定住性が高まり琉球列島固有種となったのだろう。そのために、アマミヤマシギは交通事故の被害にあいやすい（島症候群には「希少性が高く、絶滅しやすい」という項目もある）。いずれにせよ、アマミヤマシギの化石がたくさん出土するという事は、かつての沖縄島南部の森は、棲んでいた鳥にも現在と違いが見られるということだ。

鳥は飛翔を行うため、骨格の簡略化をおこなっている。この制約のため、いずれの鳥も骨格の基本は似ている。そのため、カエル同様、出土した化石が鳥の骨であることの鑑定は比較的容易だが、個々の種の判定は難しい。それでも、よく観察すると、鳥の科や種ごとに、骨格には共通の特徴があることが見てとれる。フィッシャーの化石の正体を明らかにするために、少しずつ、現存の鳥の骨格標本を集め、鑑定を試みることにした。

石垣島や西表島を車で走ると、路上を歩いていた鳥が、あわてて道脇の草むらに駆け込む姿をしばしば見る。ヤンバルクイナと同じ、クイナ科に属するシロハラクイナである。この鳥は交通

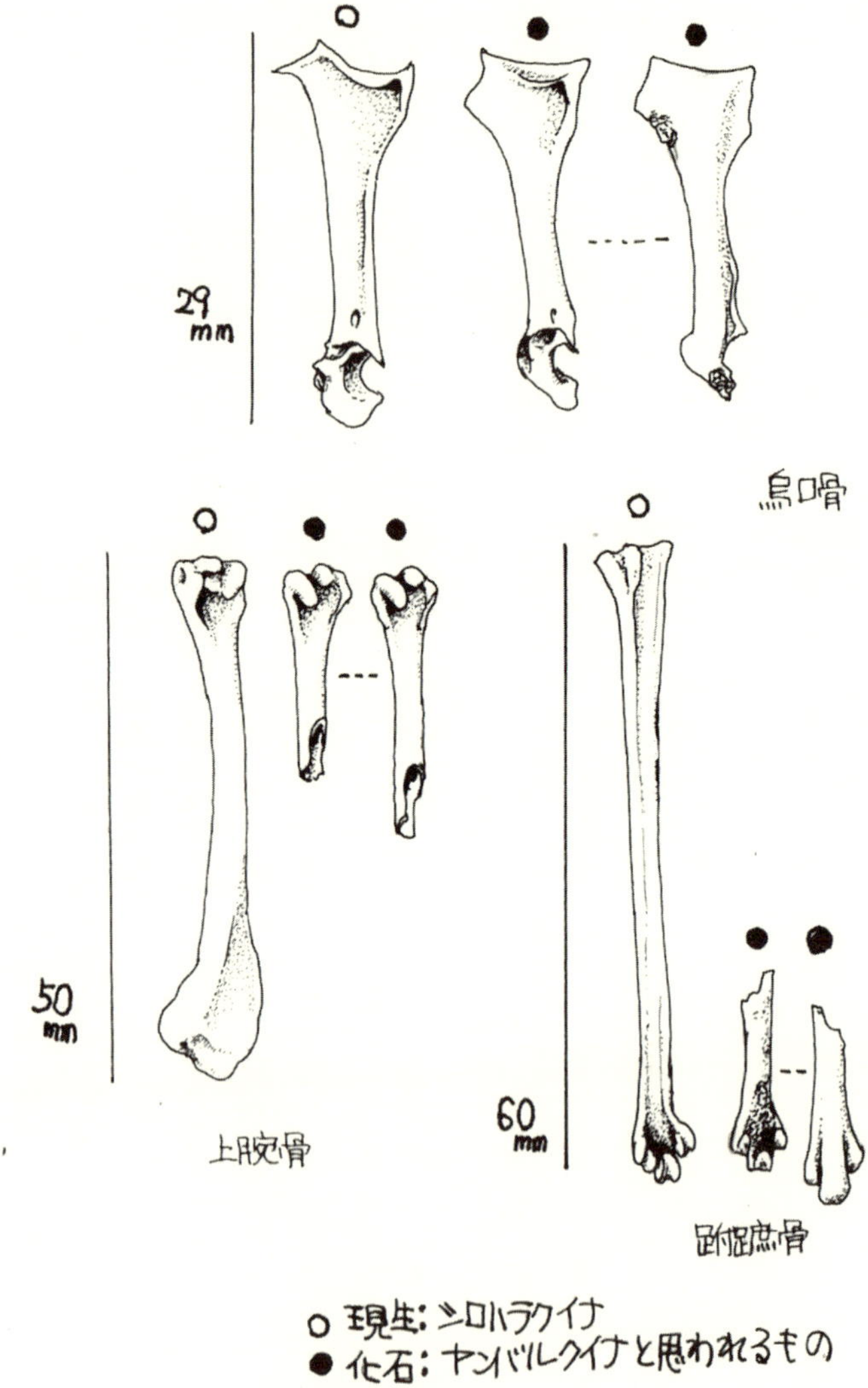

鳥類の化石

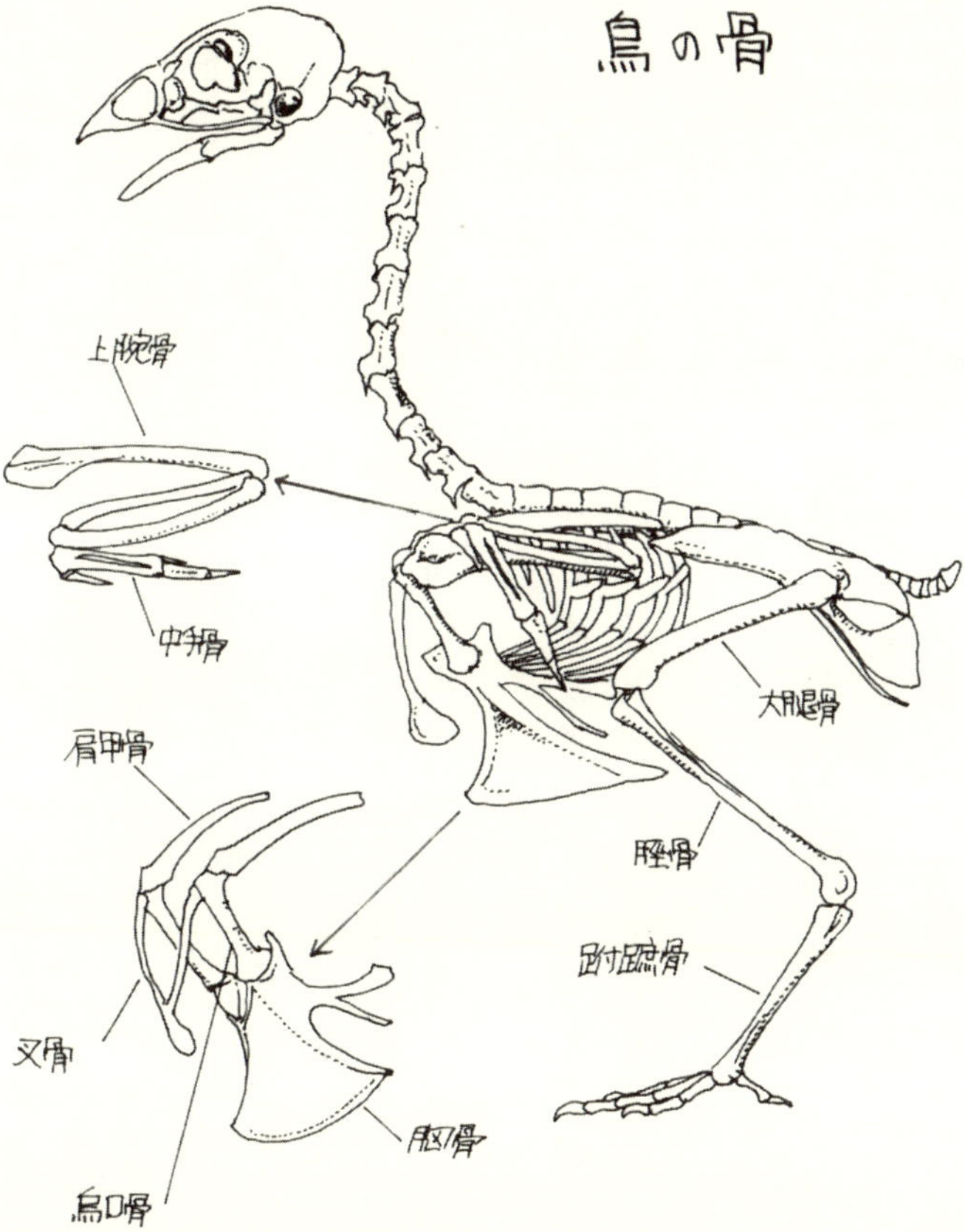
鳥の骨
上腕骨
中手骨
肩甲骨
叉骨
烏口骨
胸骨
大腿骨
脛骨
跗蹠骨

事故にもしばしばあうため、手元には、シロハラクイナの骨格標本がある。このシロハラクイナの骨を傍らに置き、フィッシャーから出土する骨を見比べていくと、形態が似た骨があることに気付く。

肩部にある烏口骨（人間の場合、肩甲骨の一部に融合している）と、跗蹠骨（鳥の足指の付け根にある骨）、上腕骨のカケラで、シロハラクイナのそれと似た骨が見つかった。これらはおそらく、ヤンバルクイナの骨と思われた。港川フィッシャーからも、ヤンバルクイナの骨が見つかっている。現在、やんばるの森のうちでも、大宜味村・塩屋湾以北の、生物学的な定義によるやんばるの境界線以北でしか見ることのできない、この飛ばないクイナも、かつては沖縄島に広く分布していたわけだ。

同様、事故死していた奄美大島産のオーストンオオアカゲラの骨格標本と見比べ、よく似た上腕骨と中手骨の化石が見つかった。これはノグチゲラのものと思われる。ノグチゲラも、現在の沖縄島中南部では見ることのない鳥だ（沖縄島北部でも、ヤンバルクイナ同様、名護市周辺や本部半島では、その姿を見ることはない）。

ノグチゲラは、キツツキの仲間としては珍しく、頻繁に地上でセミの幼虫や地中性のクモなどを捕食する。これは、地上性の大型捕食獣が不在であったことに加え、沖縄には地中で昆虫やミミズを捕るモグラ類がいないという、競争種の不在も関係していると思われる。こうした習性を

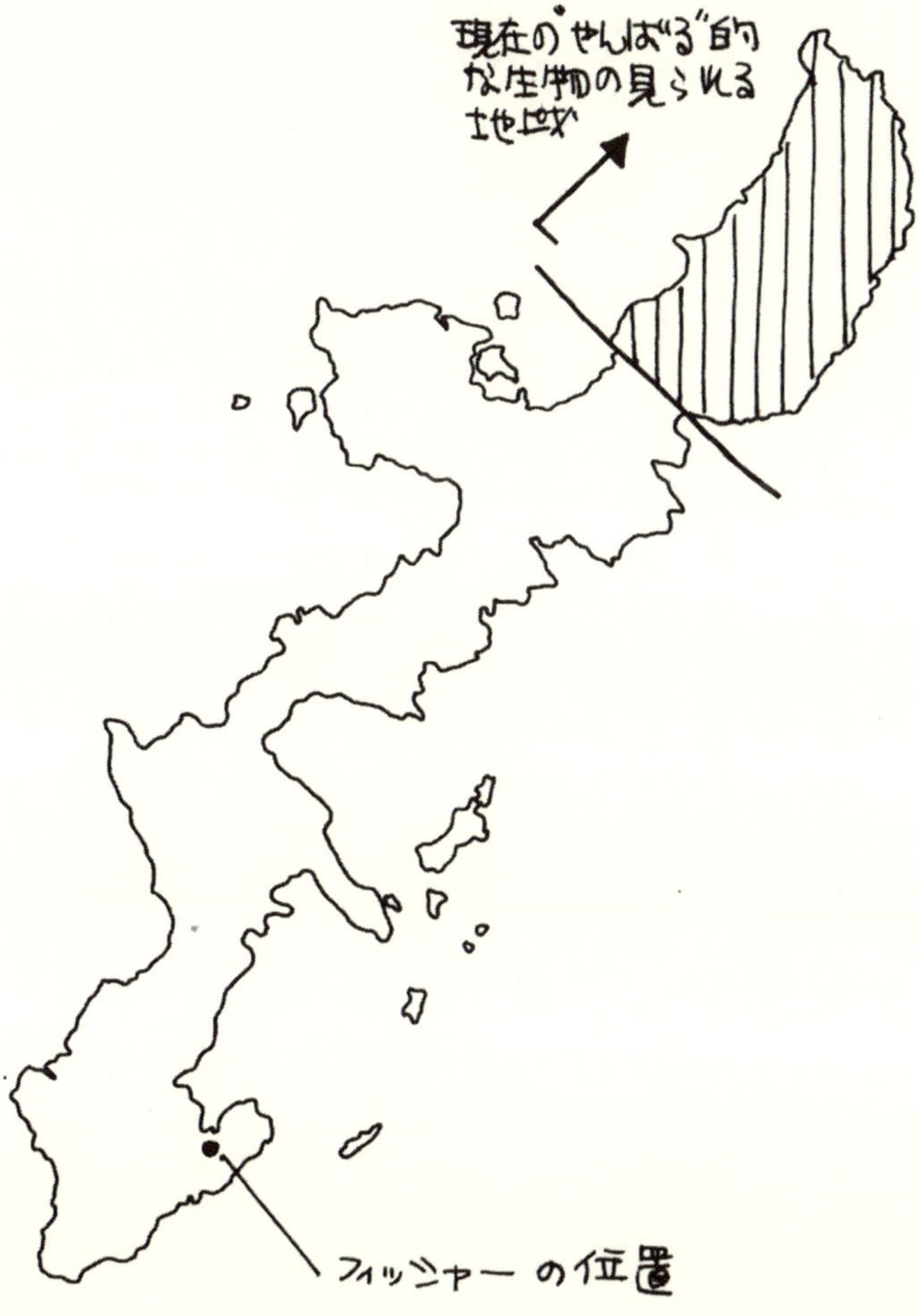
現在の"やんばる"的
な生物の見られる
地域
フィッシャーの位置

持っていることと独特な羽色から、新種記載時はキツツキの仲間の中でも古い系統のノグチゲラ属という固有のグループであると考えられた。言葉を変えれば、遺存的な種類であると思われていたという事だ。ただし、その後、遺伝子の解析の手法が研究に取り入れられるようになり、ノグチゲラは古い時代の生き残りとはいえないことがわかった（同じような例が、イリオモテヤマネコでも知られる。イリオモテヤマネコも、発見当初は原始的なヤマネコの生き残りとされたが、のちに遺伝子の研究により、台湾など、近隣にも分布しているベンガルヤマネコに近いものであることがわかった）。ノグチゲラは、本土の森で見られるアカゲラ属のキツツキに近縁であることがわかったのだ（そのため、ノグチゲラとオーストンオオアカゲラの骨格はよく似ている）。ただし、奄美大島のオーストンオオアカゲラとは直接、先祖が同じわけではなく、別々に島に渡ってきた先祖が、それぞれの島で固有化したものと考えられている。

ほかにも、フィッシャーの土中からは、森林性のハトである、カラスバトと思われる大腿骨も一つ見つかった。なお、残念ながら、まだ正体のわからない骨のカケラもいくつかある。

佐敷フィッシャーと同じころの琉球列島産の鳥の化石についてまとめた報告が出ている。これによると、石垣島から沖縄島にかけて、全部で十一目十七科四四種もの鳥の化石が見つかっている。この報告から、沖縄島中南部から見つかっている鳥の化石のうち、佐敷フィッシャーで見つかったもの以外の種類を拾い上げてみると、サギの一種、ヨシガモ、ツルの一種、ヒクイナ、オオクイナ、ズアカアオバト、オオコノハズク、ヒヨドリ、オオトラツグミ、ルリカケス、ハシブトガラスなどとなる。このうち、まず目を引くのは、オオトラツグミとルリカケスだろう。これらの鳥は、現在は奄美大島固有の鳥として認知されているものだからだ。沖縄島南部にヤンバルクイナやノグチゲラが棲息していたことから、かつてはこれらの鳥の生息地は現在よりもずっと広く、沖縄島全体にひろがっていたことがわかるが、それだけでなく、現在は奄美大島に分布が限定されている鳥も、かつての分布地は、もっとずっと広かったのである。さらに宮古島からもアマミヤマシギの化石が見つかっている。ここでも、島の生き物は絶滅しやすく、かつ、一度絶滅がおこると再侵入が難しいという特徴があったことを思い出しておこう。

こうして見ると、やんばるの森というのは、かつて沖縄島全体に見られた自然が退縮した結果、残された場であることがはっきりする。

6 ヤンバルクイナの希少性

琉球列島の中の低島の代表である宮古島は、全島が石灰岩地で、起伏に乏しく、そのため古くから島のほとんどの地域が人の手によって開墾されてしまっている。そのため、陸上の生き物に興味のある人は、あまり宮古を訪れることがない。人為の影響が強いだけでなく、全島平坦な宮古島は地史的には海面下に没したことがあると考えられていて、そのことも生物相が貧弱であることの理由とされた。しかし、その後、全島が海面下に没したとすると、おかしなことがあることが、徐々に認識されるようになっている。例えば宮古島には固有のミヤコサワガニが棲息している。ミヤコサワガニは一九九七年に発見され、二〇〇二年に新種記載されたサワガニの仲間で、宮古島の中でも、ごく限られた場所でしか生息が確認されておらず、二〇一〇年には沖縄県の天然記念物に指定されている。また、遺伝的な研究によると、ミヤコサワガニは石垣や西表のサワガニではなく、慶良間諸島に分布しているトカシキオオサワガニに最も近縁とされえていて、どのようにケラマ海峡を越えたのか、まだはっきりとわかっていない。

また、宮古島には、琉球列島の中でも、唯一ヒキガエル類（ミヤコヒキガエル）が分布している。宮古島は石灰岩地が多いため、鍾乳洞中などに保存されている数万年前の化石も豊富である。この化石動物相にも、宮古島からはミヤコノロジカやハタネズミ類など、琉球列島のほかの島からは見つかっていない特有の生き物たちが含まれている。このように、宮古島の特有の生物相がどのような由来をもつのかについては、まだ議論が決着していない。

ここで紹介したいのは、宮古島からは絶滅した二種の固有の鳥の化石が知られていることだ。一つはヤンバルクイナと同じ属に属している無飛力のクイナで、もう一種も長距離飛行能力に乏しいと考えられるツルの一種だ。ここで注目したいのは、固有の飛べないクイナが、かつて宮古島に生息していたことではなく、そのクイナが絶滅してしまっていることである。

海洋島に分散した鳥は、しばしば飛ぶのをやめる。有名なのは、モーリシャスのドードーだろう。ドードーは、海洋島に到達したハトの仲間が無飛力化したものだ。島にわたったすべての鳥のグループが飛ばなくなるわけではなく、いくつかのグループが飛ばなくなるように進化しやすいことがわかっている。ハトのほか、クイナ、ガンやカモ、クイナの仲間が特に飛べなくなりやすい鳥だ。

海洋島の代表であるハワイの鳥についてみてみよう。鳥類は全部で二十八の目と呼ばれるグループにわかれている。それぞれの大陸には、およそ二〇の目に属している鳥が分布している。一方、ハワイにはその半部の十目の鳥しか棲みついていない。海洋島の症候群（四十六頁参照）の項目1、2の「生物相が貧弱である」「生物相が非調和である」が、飛ぶことのできる鳥の場合にもあてはまるわけだ。例えばハワイには、ハト目も分布していない。こうしたハワイに到達した鳥の中には、地上生の哺乳類が全く棲息していないことから、無飛力化するものが現れた。繰り返しになるが、哺乳類の不在は、捕食者の不在ということだけでなく、競争者の不在ということも意味している。例えば、草食動物が不在なので、飛ぶことをやめる代わりに、より草食に適応した鳥（体が大型になるため、飛ぶことに適さなくなることを意味する）も現れた。結局、ハワイ諸島には飛べない鳥として、トキの仲間が三〜四種、ガンやカモの仲間が少なくとも六種、クイナが十二種進化した。ここで、種数があいまいなのは、そうした飛べない鳥のほとんどがハワイへの人の入植（ポリネシア人の入植と、その後の白人の入植）によって、絶滅してしまったからだ（現在も、ネネと呼ばれる飛べないガンは、マウイ島高地などに生き残っている）。

ハワイには、飛べないクイナが十二種も生息していた。島の住人たる飛べない鳥の中でも、クイナは最も種数が多い鳥の仲間だ。そして、ハワイのクイナ類のように、多くの島で絶滅したり、絶滅の危機に追いやられたりしている。

北西ハワイ諸島中央部に位置するレイサン島にいたレイサンクイナは、一九〇三年に島にウサギが放され植生が変化したことや、島で繁殖する海鳥の羽毛採集業によって被害を受け絶滅にいたる。この種は絶滅前に、北西ハワイ諸島北端部に位置するミッドウェイ島に移入されたが、ここではネズミと鳥マラリアにより個体群が消滅。ミッドウェイからレイサン島へ一九二三年にレイサンクイナの再導入も試みられたのだがこれも失敗に至り、種の絶滅へと至った。また、太平洋上の、マリアナ諸島（サイパンやグアムなどが属している）とハワイ諸島の中間に位置しているウェーク島にも、ウェーククイナと呼ばれる飛べない固有のクイナが見られた。ウェーク島はアメリカ領であったが、太平洋戦争中、日本軍が占領（大鳥島と改名された）した。そして、ウェーククイナはこの太平洋戦争のさなかに、日本軍守備隊による捕殺の結果、絶滅してしまう。

日本人の観光客でにぎわうグアムも海洋島であり、固有の無飛力のクイナ、グアムクイナが棲息していた。グアムでは、米軍施設から、荷物に紛れて持ち込まれたと考えられている、ニューギニア、オーストラリア原産の樹上生ヘビ、ナンヨウオオガシラが逃げ出し、島の生き物たちに大きな被害を与えた。結局、グアムクイナも一部の個体が飼育下で保護されている以外、野生の個体は絶滅してしまっている。

もっと昔、無人の太平洋の島々に、初めて人々が入植した際にも、多くの島々で、飛べない鳥の絶滅がおこっただろうことが、化石から少しずつ分かってきている。

ポリネシアの島々での絶滅鳥の研究から、「クイナの仲間は人の影響でもっとも失われた種が多い鳥のグループである」と指摘している論文が『サイエンス』誌に掲載されている。これによると「ポリネシアの島々には、ほとんど、もしくはすべての島に一～四種の固有の飛べないクイナを有していただろう」という。そしてそのほとんどは絶滅している。モアイで有名なイースター島には、現在ほとんど木すらなく、荒涼とした風景が広がっているが、このイースター島にさえ、かつてはクイナの固有種が二種生息していた。結局、太平洋の島々には、「飛べないクイナだけで二〇〇〇種もが棲息していたのではないかと推定できる。その例外として、わずかに生き残った一種の Porzana 属の飛べないクイナがヘンダーソン島に、三種の Gallirallus 属の飛べないクイナが沖縄、グアム、そしてソロモンにみられる（Stedman 1995）」と書かれている。

もっとも、太平洋で絶滅したクイナの総種数については、さまざまな説が出されている。「大まかに見積もって、一〇〇種が絶滅、五〇〇〜一六〇〇種が絶滅、二〇〇〇種近くが絶滅という、三つの説がある」と紹介している論文もある。これだけ数値に差があるのは、絶滅したと考えられるものでも化石として見つかっているのは一部であり、種として記載されているのはさらに一部（およそ二〇種）にしかすぎないからだ。

太平洋の島々に二〇〇〇種ものクイナがいたというのは、少し過大な推測かもしれない。また二〇〇四年に、あらたに、フィリピンのカラヤン島から、無飛力のクイナである、カラヤンクイナが発見されてもいる。赤いクチバシと脚を持ったこのクイナは、ヤンバルクイナに最も近縁のクイナだと考えられているものだ。しかしそれでも、古くから人が住んでいる島で、現在に至るまで飛べないクイナが野生状態で生き続けていられるのは、他のあまたの例をみれば、奇跡的であることは間違いない。やんばるの森の貴重性がそこにある。

7 やんばるのカメ

やんばるの森を歩いていると、ときに陸生のカメであるリュウキュウヤマガメの姿を見ることがある。甲羅の長さが十数センチのこのカメは、やんばるの他、久米島と渡嘉敷島に分布している。先に述べたように、このカメも中琉球の依存固有種の一つに数えられるものである。しかし、かつては、子どもたちの遊び道具として、やんばるで捕られたリュウキュウヤマガメが、那覇の市場で販売されることもあったという。昭和一八年に名護市底仁屋で生まれた方への聞き取りの記録に、「リュウキュウヤマガメは、子ども時代は石ころみたいにたくさんいた」という話が登場し、カメを捕って売ることで生計を立てていた大人もいたことが紹介されている(『聞き書き島の生活誌① 野山がコンビニ 沖縄島のくらし』二〇〇九)。こうしたこともあって、リュウキュウヤマガメはその当時よりもずいぶんと数が減ってしまっている。現在は天然記念物に指定され、捕獲をすることは禁じられている。

このリュウキュウヤマガメに関連して、次に紹介する

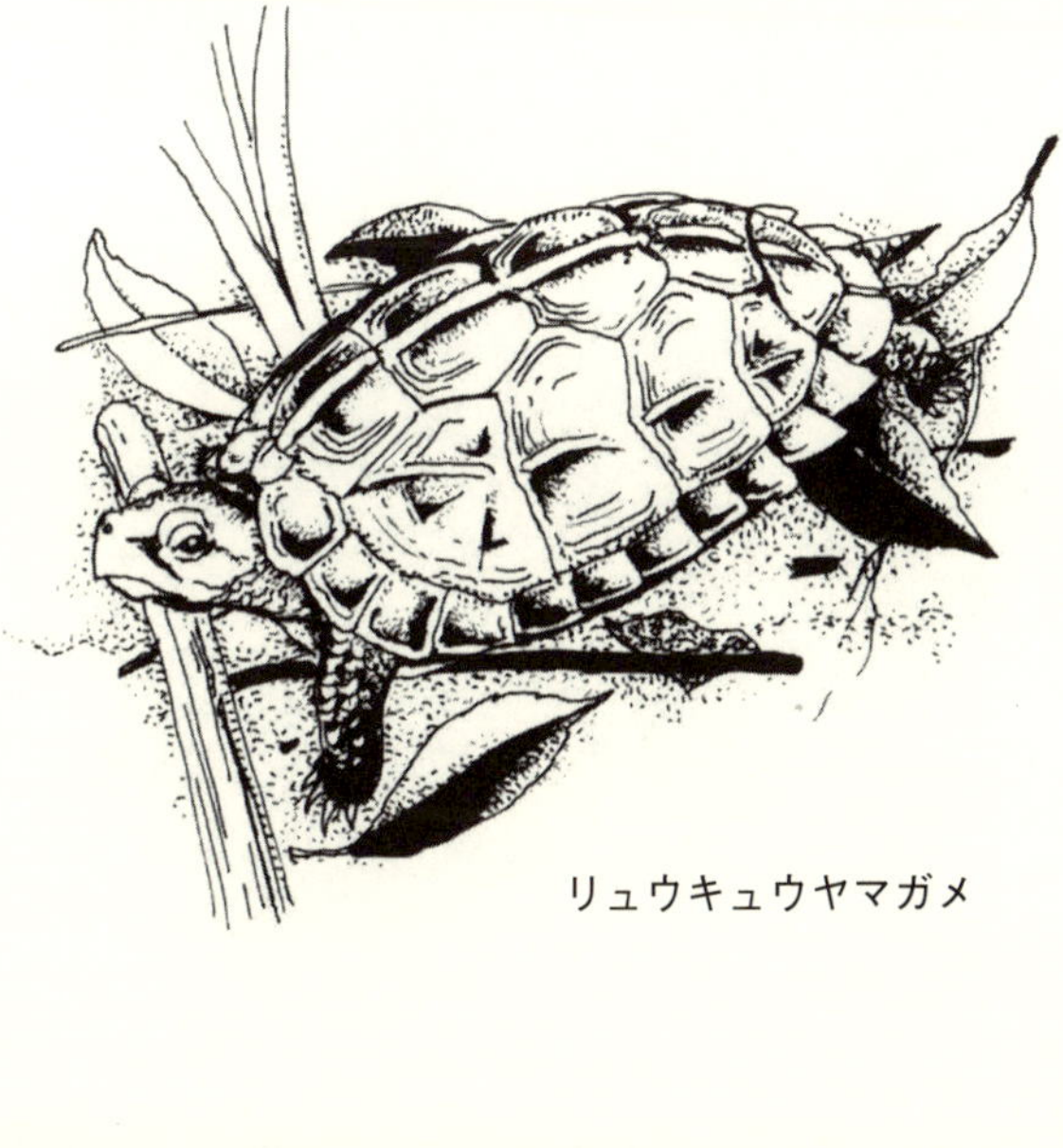

リュウキュウヤマガメ

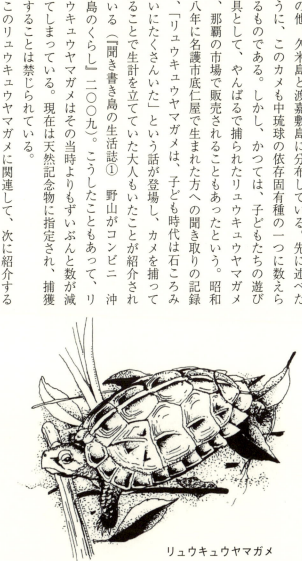

ように、クニマサさんが、興味深いコラムを書いている。子ども時代、リュウキュウヤマガメの数倍の大きさのカメを見た記憶があるというものである。

実は、ヤンバルクイナが沖縄島南部まで分布していた時代に、リュウキュウヤマガメよりもずいぶんと大きな陸生のカメがいたことが化石記録からわかっている。オオヤマリクガメと名付けられているこのカメの化石は、沖縄島のほか、徳之島、伊江島、宮古島、与那国島からも見つかっており、現在は東南アジアに分布がみられるムツアシガメの仲間とされている（このほかにも、数万年前の琉球列島には現在は絶滅してしまった複数の陸生カメ類が棲息していたことがわかっている）。

現在、沖縄島には、在来のリュウキュウヤマガメのほか、本来は八重山の在来種であるミナミイシガメや、中国からの移入種であるスッポン、さらにペットとして流通し、その後野生化したミシシッピーアカミミガメなどが、外来のカメとして棲みついている。このうち、ミナミイシガメは、クニマサさんの子ども時代にもすでに持ち込まれていたと考えられる。このような外来のカメを子ども時代のクニマサさんが見かけたのかもしれない。実際にクニマサさんがどんなカメを目撃したのかは謎である。そこで、絶滅種であるはずのオオヤマリクガメがその当時まで細々と生き残っていたらと、つい、妄想をふくらませてみたくもなる。

コラム：大きなヤマガメ

子ども時代、夕方、母と飼っている豚に餌を与えていたときの事。隣の屋敷との境界に、バサナイ（バナナ）が植えられていた。その根元に敷き詰めた堆肥や、肥料としておかれたウニの殻の中に、ヤマガーミー（リュウキュウヤマガメ）の数倍の大きさのカメが潜り込んでいったのを見て、びっくりした思い出がある。その後、そのような大きなカメは見たことがない。

（宮城）

四章　森とキノコ

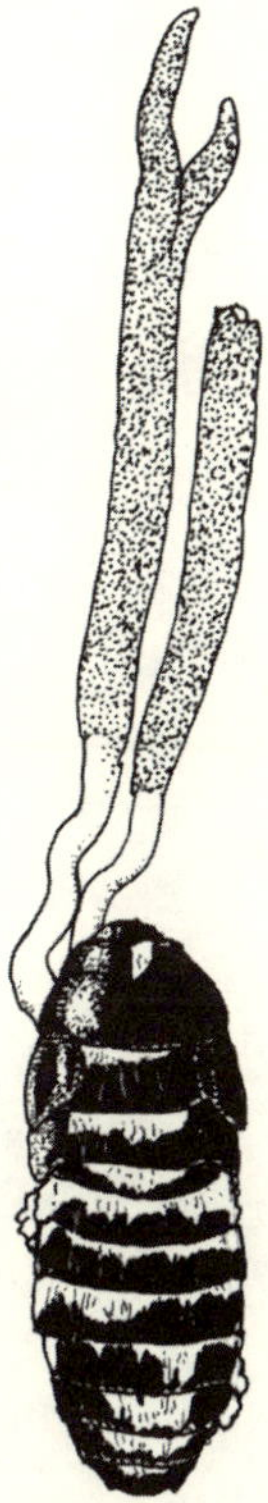

ゴキブリタケの一種

1 パッチワークの森

やんばるの林道わきの空き地に止めた車の中で目覚める。ハシブトガラス、ウグイス、ヒヨドリ、サンショウクイ、アカショウビン、アカヒゲと、鳥たちのさえずりがあちこちから聞こえてくる。

夜の森歩きは、まるで宝箱の中に迷い込んだかのような思いがする。次に姿を現すものを見逃すまいとライトの光の照らす先に目を凝らす。同時に、ライトの届かぬ闇の中から何が現れてくるかわからない、緊張感のようなものも付きまとう。夜明けとともに、森はそうした特別な雰囲気から解除される。しかし、昼の森でも、所を選べば、やはり宝箱の中へ迷い込んだかのような思いを得られる。

十六年前、沖縄島に引っ越してきた当初は、やんばるの森を、どのように歩いたらよいのかさっぱりわからなかった。今思い返せば、その当時は、目に入る森全部をひっくるめて「やんばるの森」として認識していたのではないかと思う。ところが、何年もかけ、何度も森へ通ううち、ようやく自分なりのやんばるの森の歩き方、見方がわかってくる。一言でいえば、やんばるの森はモザイク構造をしているということがわかってきたということだ。

前章でみたように、かつては沖縄島全体に、「やんばる的」な生き物たちが棲みついていた。その後、人による開拓の影響で、そうした自然は、沖縄島の南部から北部にかけて徐々に後退していく。現在の沖縄島においては、大宜味村・塩屋湾以北の森が、そのような「やんばる的」な生き物たちが息づく場所だ。しかし、塩屋湾以北の森であれば、どこでも同じ森かというと、そうではない。塩屋湾以北のやんばるの森といえども、原生林のままではないからだ。やんばるの森には、古くから人々が入り、薪や炭づくりのために木を伐り、ときには森の中を開拓して家を建てて住みついた。今でも、こんなところに……と思うところに、炭焼き窯の跡を見ることがある。さらに戦後の一九七二年の本土復帰後、やんばるの森では大規模な森林伐採が行われるようになった。沖

アカヒゲ

縄県での樹木の伐採量は一九八五年と八九年にピークがあり、そのうち半分以上はチップ材としての用途として切り出されている。その後も林道建設や造林の名目で、やんばるの森の伐採は続いている。伐採がなされたとしても、暖かく雨の多い沖縄の場合、森はすぐに回復するように見える。しかし、森の中に入って生き物をよく見てみると、皆伐された森は、本当のところでは、なかなか元の森へは回復しないということがわかってくる。逆に言えば、やんばるの森の中でも、比較的原生的な環境を残しているところは、パッチ状に、しかもごく狭い範囲にしか残されていない。

伐採されたあと、植林がなされる場合も、なされない場合もある。沖縄島でも、ごく一部スギが植林されているところを見るが、スギの成長は芳しくない。おそらくスギの生育には暑すぎるのであろう。そのため、現在ではイスノキやイジュといった、沖縄島にもともと生育している樹木の植林がなされることが多い。また、戦前には樟脳生産の目的で、クスノキが植林されたところもある。そうしたクスノキは、現在では太いもので、胸高直径が一メートルほどの木も見られるようになっている。

また、やんばるの森を歩いていて、リュウキュウマツが目立つところは、伐採跡の二次林である。また、同じように二次林にはタイワンハンノキも目立つ。タイワンハンノキは台湾原産の樹木である。この木は台湾では二次林の優占種となっているという。沖縄には、明治四三年（一九一〇年）に種苗会社を介して持ち込まれた（導入したのは、クロイワトカゲモドキに名を残す、黒岩恒である）。もともとは、地滑り地や風倒木地の森林回復のために利用されたのだが、そこから逃げ出し、川沿いや林道脇などの撹乱地に入り込み沖縄島北部に広がった。ただ、このやんばるにごく普通にみられる木にも栄枯盛衰があり、二〇一〇年の四月になって、タイワンハンノキの葉を食べる、これも台湾原産のタイワンハムシの大量発生が見られるようになり、以来、枯死木があちこちで見られるようになっている。

では、やんばるの中でも、原生的な森が残されているところというのは、どのような森であるだろう。目立たないながらも、原生的な自然が残されていることのよい指標となる生き物がいる。それがキノコの仲間、特に冬虫夏草と呼ばれるキノコの仲間である。また、樹々と共生関係を結んでいる菌根菌から栄養をくすねて生きる菌従属栄養植物もまた、原生的な自然の度合いの指標となる。

朝、目覚めた僕が森の中の小道を歩いて目指すのは、そんな、やんばるの森の中に残された、原生的な自然が残るパッチの一つである。

秋、地域にもよるが本土では野生のキノコの様々な利用がみられる。琉球列島ではどうだろうか。琉球列島の場合、本土で見られるような多様なキノコ類の利用はなかったようだ。それでも、聞き取り調査を行ってみると、種類数は少ないながらも、島や集落ごとに異なったキノコ利用がなされていたことがわかる。

クニマサさんや、クニマサさんに紹介されたクニマサさんの先輩にあたる方々からの話では、奥ではアラゲキクラゲの他、以下のような野生キノコが利用されていたという（盛口　二〇一二）。

シイタケ（チヌグ）・・今はみない
ハツタケ（マチナバ）・・焼いて塩をつけて食べた。ダイコンを煮るだしにも使う。
ヒラタケ類（アサグルナバ）・・おいしかった。フカノキ（アサグル）などに生える。

2 冬虫夏草

十年ほど前のことだが、森の中を歩いていて、周囲の木に比べ、ある一角に生えるシイの木が太いことに気付き、その一角に入り込んでみることにした。小道からその一角にあがるには、二メートルほどのがけを上る必要があった。登ったところは谷地形になっている。普段、水は流れていないが、雨天時には、水が流れるだろう、涸れ沢だ。その涸れ沢の奥行きは五〇メートルほどしかない。その両脇の斜面が太目のシイが生えている森である。もっとも、面積的にはそれほどたいしたことはない。

この一角のシイの胸高直径を計測し、一〇センチごとに集計して見ると、最も数の多いのは三〇~四〇センチのもので、これが全体（総数四四本）の四三％を占めた。また胸高直径が五〇センチ以上の木は七本あり、最大の太さのものは七五センチであった。

この狭い一角（森を構成している一つの「パッチ」）を特徴づけているのは、太いシイがあるということに加え、オキナワウラジロガシが生えているということである。オキナワウラジロガシは、沖縄島では森の中の平坦地、つまりは湿潤な場所で見られる木だ。そのため、オキナワウラジロガシは、湿潤な森、ひいては、菌類など湿気に依存する生き物の存在を知らせるランドマークとなっている。この森には、オキナワウラジロガシは二本あり、それぞれの太さは三六センチと四二・九センチであった。

さて、最初にこのパッチに入ったとき、斜面に生えるシイの木の根元に、冬虫夏草が生えているのに気が付いた。

冬虫夏草とは、一言で説明すれば、虫にとりつき、殺し、その骸を栄養として生えるキノコのことである。チベット高原に生える、コウモリガの幼虫に寄生するシネンシストウチュウカソウという種類は、古くから漢方薬として利用されてきた歴史がある。が、冬虫夏草のとりつく虫の種類はいろいろであり、冬虫夏草が生える場所もさまざまだ。ただし、冬虫夏草は菌の中でもとりわけ湿度に依存する傾向がある。そのため基本的にはその発生地は沢沿いが多く、発生期も梅雨時期に集中する。そのため、ない場所や、ない時期にいくら目を凝らしても見つからないし、いい場所でいい時期にさがすと、何種類もの冬虫夏草が見つかる（このような好適な発生場所を「坪」と呼びならわしている）。

冬虫夏草は沢沿いの平坦地などでよく見られるので、琉球列島の中でも多くの種類の発生がみられるのは高島に限られる。これまでの報告から、琉球列島の中でも屋久島、奄美大島、西表島は冬虫夏草の種の多様性が高いことが知られている。沖縄島の場合は、中南部は水辺環境に乏しく、森林も少ないため、冬虫夏草の発生はあまりのぞめない。やんばるも、地形が急峻なことに加え、多くの沢沿いにダムが建設されていることもあり、これまで見つかっている冬虫夏草の種類も個体数も奄美大島などに比べると随分と少ない。それでも、ここに紹介しているようなパッチが小規模な発生地となっている。

最初にこの場所で見つけた冬虫夏草は、セミの幼虫から発生するウメムラセミタケという種類であった。地中に埋まったセミの幼虫の頭部から、暗色のこん棒状のキノコが伸びあがるという姿をしたものである。

この発見から、繰り返しこの場所を訪れてみる。すると、二月から六月にかけ、時期ごとに異なった冬虫夏草が、このほんの小さなパッチから発生することが分かった。以下にこれまで沖縄島で確認できた冬虫夏草のリストを掲げる。

種名	宿主（ホスト）
ウメムラセミタケ	セミの幼虫＊
アマミセミタケ	セミの幼虫
ツクツクボウシタケ	セミの幼虫

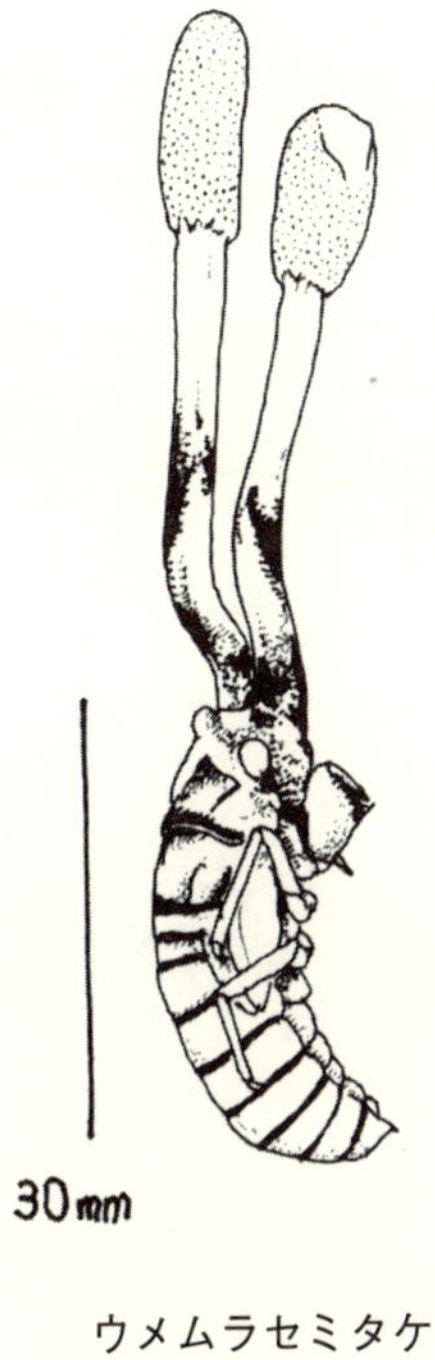

ウメムラセミタケ

ハダニベニイロツブタケ
ハチタケ
ツキヌキハチタケ
ハエヤドリタケ
ヤエヤマコメツキムシタケ
クチキムシツブタケ
オイラセクチキムシタケ類似種
ウスキサナギタケ
ハマキムシイトハリタケ?
ゴキブリタケの一種
クモタケ
ザトウムシタケ
シロタマゴクチキムシタケ
タンポタケ
ミヤマタンポタケ
エゾタンポタケ

カイガラムシの仲間
アシナガバチなどの成虫
アシナガバチなどの成虫
ハエの成虫＊
コメツキムシ類虫＊
甲虫幼虫
甲虫幼虫
ガのサナギ＊
ガの幼虫
リュウキュウクチキゴキブリの成虫
トタテグモ
アカザトウムシの仲間
ヤスデの卵＊
ツチダンゴ類＊
ツチダンゴ類
ツチダンゴ類

ヌメリタンポタケ　ツチダンゴ類
タンポタケモドキ類似種　ツチダンゴ類＊
アマミコロモタンポタケ　ツチダンゴ類＊
アマミツチダンゴツブタケ　ツチダンゴ類＊
ハナヤスリタケ　ツチダンゴ類＊

注：＊の付いた種は、文中で紹介しているパッチで発生が見られたもの。

3 ゴキブリに生えるキノコ

やんばるの森で特徴的な冬虫夏草について、もう少し説明を加えよう。

ゴキブリタケの一種は近年（二〇一六年）になって、やんばるでの発生が確認された冬虫夏草だ。やんばるで見つかったゴキブリタケの一種によく似たヒュウガゴキブリタケの一種によく似たゴキブリタケは、一九九九年に宮崎県の照葉樹林で初めて見つかった冬虫夏草である。この冬虫夏草は、その後、屋久島でも発生が確認された。宿主となるゴキブリは、屋外で朽木を食べて暮らすエサキクチキゴキブリである。興味深いことに、屋久島では、ほとんど同所的に同じように朽木を食べて暮らすオオゴキブリも見られるのに、今のところオオゴキブリからヒュウガゴキブリタケが発生した例は知られていない。

沖縄島で見つかったゴキブリタケの一種はヒュウガゴキブリタケによく似た姿をしているが、遺伝的な研究などによっては、別種とされる可能性がある。沖縄島産のゴキブリタケの一種の宿主は、エサキクチキゴキブリの近縁種であるリュウキュウクチキゴキブリだ。クチキゴキブリは体長三センチほどのゴキブリであり、その肩部からにょっきりとキノコの子実体が伸びあがった姿は、なかなかインパクトのあるものである。

琉球列島のクチキゴキブリ類の分布について、ここで一言ふれておきたい。これまでの分類では、台湾から奄美大島にかけてタイワンクチキゴキブリが分布し、屋久島から九州南部にかけてエサキクチキゴキブリが分布するとされていた。さらに、タイワンクチキゴキブリは、台湾産と石垣・西表島産が亜種・タイワンクチキゴキブリに、そして沖縄・奄美大島産が亜種・リュウキュウクチキゴキブリに分類されていた。こうした分類は二章で見てきた中琉球と南琉球の生物相の違いをよく反映しているといえる。ところが、近年、遺伝子の分析が行われ、これまでの分類とは異なった結果が報告された。富山大の前川清人さんの研究によれば、琉球列島のクチキゴキブリは、台湾産と、それ以外の日本産に大きく分かれるという。さらに、遺伝的には、トカラ以北のエサキクチキゴキブリとそれ以外（石垣・西表島のタイワンクチキゴキブリと、沖縄・奄美大島のリュウキュウクチキゴキブリとされてきたもの）に二分される。そして後者は、石垣・西表島産と沖縄島産が比較的近く、奄美大島産との間にギャップがある……とされている。つまり、クチキゴキブリの場合は、なんらかの理由または何らかの方法で、石垣・西表島の個体群と、沖縄島の個体群の間に、比較的最近まで、遺伝的な交流が見られたということを意味している。クチキゴキブリは、一見、移動性に乏しいように見えるので、この結果はなかなか興味深い。なお、オオゴキブリは台湾、石垣・西表島と、屋久島・種子島と九州以北〜東北にかけて分布している。これを見てわかるように、中琉球にはオオゴキブリは分布していない。オオゴキブリの分布から

ゴキブリタケの一種
ホストはリュウキュウクチキゴキブリ
（体長 35mm）
未熟な個体

すると、台湾から琉球列島を北上し本土に達したと考えられるので、中琉球のオオゴキブリの不在は、何らかの理由で絶滅したと考えるのが妥当であるが、その理由はわかっていない。やはり、琉球列島の地史と生き物たちの関わりは複雑だ。ともあれ、何らかの理由で、中琉球に生き残ったのがクチキゴキブリのほうではなく、オオゴキブリだったとしたら、現在、やんばるの森でヒュウガゴキブリタケを見ることはなかったはずだ。

さて、やんばるの森を歩いていて、倒木を見つけたら、立ち止まって見てみることにしよう。倒木から、おがくずのようなものが吹き出ていたら、それはクチキゴキブリの食べ痕だ。クチキゴキブリは倒木の中に、家族で暮らすゴキブリでもある。倒木を割ると、黒い成虫と、白っぽい色をした幼虫がともに姿を現すだろう。こうしたクチキゴキブリは、物理的に倒木を土に返す作用を加速する。種々の菌類ともあわせ、こうした生き物たちが、森のリサイクルの立役者となっている。そんなクチキゴキブリに特異的に寄生する菌であるゴキブリタケが発生できるということは、森の中に、常に一定の倒木が見られ、その倒木を利用して暮らすクチキゴキブリが生育できるというのが、条件になっている。つまり、ゴキブリタケは生態系の上位種であるということができる。やんばるの森で、冬虫夏草がよく見られるパッチでは、今のところゴキブリタケは見つけられていないが、そのパッチに向かう途中の小道沿いの倒木で、この冬虫夏草の発生を見ることができている。面白いと思うのは、この場所でゴキブリタケが発生したのが、タイワンハンノキの倒木であったことだ。先にふれたように、タイワンハンノキは、タイワンハムシの移入(どのようにして沖縄島に入ったのかは不明)とともに、枯死木が目立つようになった。そのような要因があるから、道脇などでも、この冬虫夏草の発生が目につくようになったのだろう。本来は、もっと個体数が少なく、目につきにくい冬虫夏草であったのではないかと思う。

4 菌生冬虫夏草

ゴキブリタケは、さまざまな生き物の存在があってこそ生まれ出る生き物だ。同様に、菌生冬虫夏草から見える生き物のつながりについても、紹介をしてみたい。

先の冬虫夏草のリストを見ると、宿主にツチダンゴ類と書かれた冬虫夏草が何種もあることがわかる。このツチダンゴは地下生菌の仲間である。キノコというのは、肉眼でわかる大きさをした菌類の子実体のことを言うが、地中に子実体をつくるのが、地下生菌と呼ばれる菌であり、トリュフが名高い。地下生菌は、系統を反映したグループの名称ではなく、地下生菌には、さまざまなグループの菌類が含まれている。地下生菌は、だいたい球形ないしは塊状の子実体を形成するが、例えば、一般的なキノコ型の子実体をつくる菌の仲間にも、地下にもぐって球形の子実体をつくるものがある。例えば、本章の舞台となっているシイ林のパッチでは、直径一センチほどのピンク色の表皮をした美しい地下生菌がしばしば見つかる。これは奄美大島でも見つかっているウスベニタマタケの一種で、担子菌のイグチの仲間が地下生菌になったものだ。また、このパッチには、子嚢菌のツチダンゴの仲間も見られる（トリュフの子嚢菌の仲間だが、ツチダンゴとは目レベルで所属するグループが異なっている）。さらにごく最近、ツチダンゴの仲間であるはずなのに、もう一度地上性に戻ったと思われるきわめて特異な種類もこの場所で見つかった（地表に発生する、表皮が暗い緑色をした球形のキノコである）。地下生菌がどのくらい広い分類群にまたがって見られるかについて、少しだけ表を提示しよう。いわゆるキノコやカビは、真菌類と呼ばれる生き物のグループとしてまとめられるが、この真菌類は九つの分類群にまとめられ、そのうち四つの分類群に、地下生菌の仲間がみられる。

真菌類のグループ

微胞子虫門
キックセラ亜門
トリモチカビ亜門
ハエカビ亜門

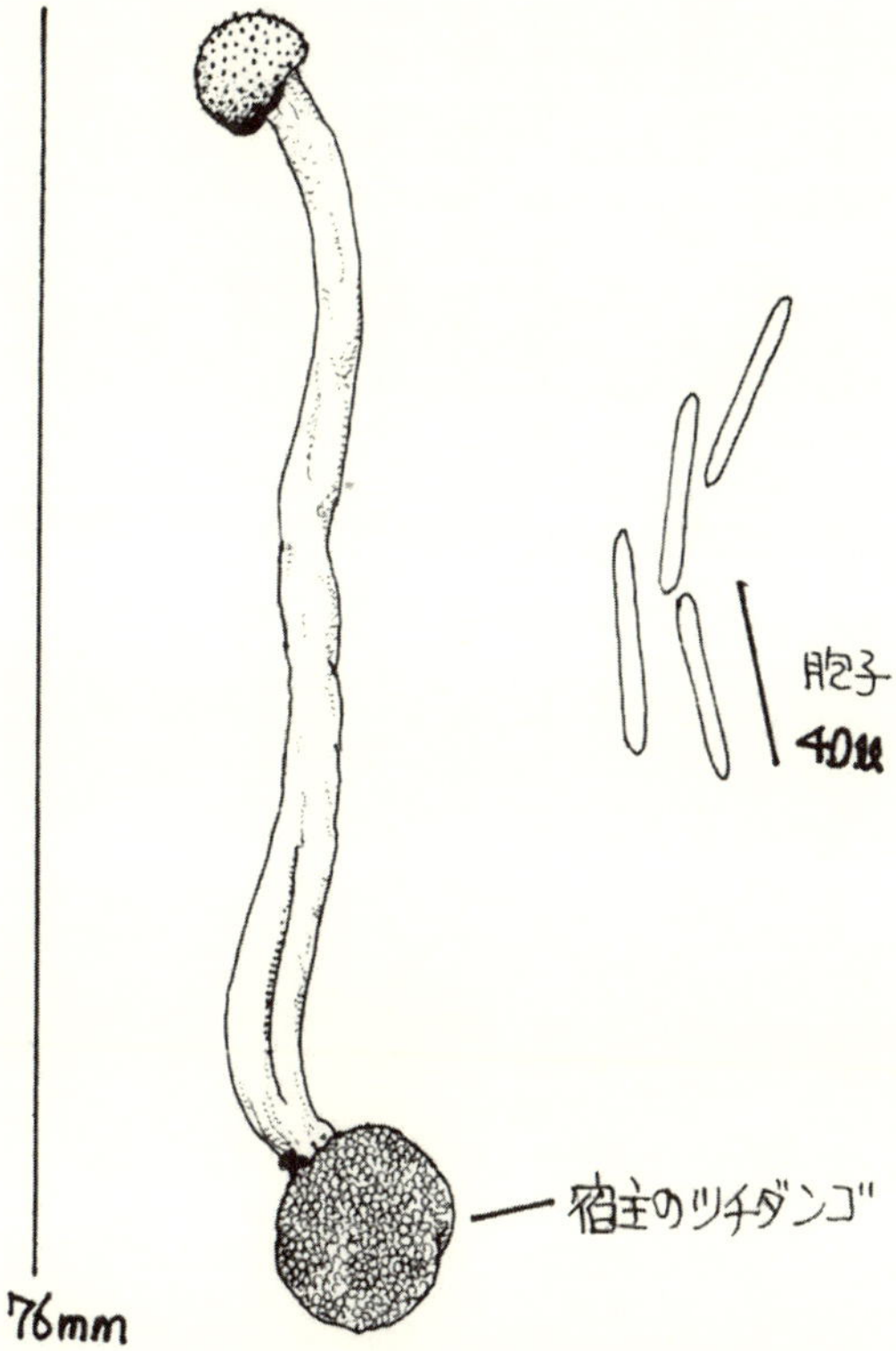

菌生冬虫夏草　ヌメリタンポタケ

ケカビ亜門＊
ツボカビ門
グロムス門＊
担子菌門＊
子嚢菌門＊
注：＊が地下生菌の見られるグループ

パッチで見られる地下生菌のうち、ウスベニタマタケの仲間は落ち葉のすぐ下に子実体があるので、落ち葉をかきわけるとすぐに目に入るが、地中に埋まっているツチダンゴだと、落ち葉をかきわけても、存在はなかなか目に入らない。そして、この地中のツチダンゴの存在を教えてくれるのが、ツチダンゴに寄生する冬虫夏草だ。

本来、虫にとりつく菌である冬虫夏草の中に、地下生菌にとりつくものがあるというのは、どういうことなのだろうか。このことは、遺伝子の研究により、本来、セミの幼虫にとりつく冬虫夏草が、地下生菌に宿主転換（ホスト・ジャンピング）を起こしたせいではないかと考えられている（ウメムラセミタケが、菌生冬虫夏草に近縁という研究結果が報告されている）。実はツチダンゴの仲間は、樹木と菌根共生を結ぶ菌でもある。樹木の根にとりつき、栄養を吸っているセミの幼虫と、樹木の根と菌糸を介してつながり、栄養のやり取りをしている菌というのは、考えようによっては、似たような暮らしをしたものと言える。そうした、近接したくらしにあるもの同士であったので、ホスト・ジャンピングが起こったのではないだろうかと考えられている。

沖縄島産冬虫夏草のリストを見ると、多くの菌生冬虫夏草の名前があげられている。それは、それだけ宿主となる菌である菌根共生を行う地下生菌が存在していることを示している。菌根共生とは、共生関係を結ぶ菌類が植物へ菌糸を使って集めた水分や土中の栄養分を供給するかわりに、植物側から菌類へ光合成によってつくられた糖分がわたされるという、「持ちつもたれつ」の共生関係のことである。

コケから種子植物に至る陸上植物のうち、およそ九割が菌根共生植物であると考えられていて、菌類でもおよそ一万種が菌根を形成することに関わっていると考えられている。そもそも、植物が陸上へと進出できたのも、菌根共生があったからではないかとも考えられているほど、重要な共生関係だ。森を歩いていても、菌根共生は、直接目にすることはできない。が、そうした菌根共生菌に寄生する、すなわち、菌根共生の上前をはねる生き物である菌生冬虫夏草の存在が、地下の菌根共生系を可視化してくれていると考えることもできる。

冬虫夏草は、いずれも小型の子実体をつけるので、探索する場合は、森の中に腰を下ろし、地面を這いつくばるように目をこらす。そのようにして目にする冬虫夏草から、地下に広がる菌根共生が見えてくる。そして、冬虫夏草を探し、林床に目をこらしていると、さらにまた別の、菌根共生を可視化してくれる生き物の存在に気が付くことになる。

5 菌従属栄養植物

植物は基本的に太陽の光をエネルギー源として、二酸化炭素と水を原料に糖分を合成する（光合成をする）ことで、生きている。そのため、植物同士は、太陽光をめぐって、熾烈な「光とり競争」を繰り広げていることになる。最もオーソドックスな「光とり」の手段は、背を高くすることであり、樹木というのはこの方法を選んだ植物たちのことだ。ただ、背を高くするという手段には、それなりのコストも必要とされる。そのため、例えば、高い位置まで葉を持ち上げることに必要な幹のコストを軽減する手段を選んだのが、つる植物だ。着生植物というのも、別の手段でより好適な光環境を得ようとした植物の一つの工夫といえる。一方、林床にとどく、わずかな光を使ってなんとか光合成をしているのが、林床で見られるシダなどの植物だ。

やんばるの森など、照葉樹林の場合、林冠を構成する木々の葉が厚く、林床には、わずかな光しか届かない。そこで、「いっそのこと」と、光合成をすることをすっぱりとあきらめた植物たちがいる。それが、菌類に寄生し、菌類から栄養を得ることで生きる、菌従属栄養植物と呼ばれる植物たちだ。菌従属栄養植物と聞くと、何やら特殊な植物に思えるが、世界で十二科九〇属五三〇種もの種類が報告されているという。この数値からわかるように、菌従属栄養植物はひとつのまとまった系統の植物グループであるわけではなく、地下生菌と同じく、多様な系統から独立して生まれた植物たちである。

菌従属栄養植物には、寄生する菌によって、大きく三つのグループに分けられる。

1・外生菌根菌から栄養を得るタイプ（樹木が生産する光合成産物を、菌根菌を経由して獲得する）
2・木材などを分解する腐生菌から栄養を得るタイプ
3・ＡＭ菌から栄養を得るタイプ

このうち、タイプ2は、菌根共生菌に寄生するタイプではなく、落ち葉や倒木を分解する菌に寄生するタイプだ。このタイプ2に属する菌従属栄養植物は、ラン科のものしか、知られていない。

最も古い菌根のタイプで、陸上植物の様々な植物で見られる最も普遍的な共生系が、ＡＭ菌根と呼ばれる菌根である。このAM菌根を形成する菌は、真菌類の中でグロムス門の仲間である。グロムス門の中には、肉眼で見えるサイズの子実体（キノコ）を作る地下生菌もあるが、一般的には目立たず、あまり存在自体が知られていない菌類だ。

外生菌根は、マツ科、ブナ科など、森の優占種となる樹々と共生関係を結ぶ担子菌や子嚢菌によってつくられる菌根共生で、これらの菌は、いわゆるキノコを形成するものが多い。マツタケやトリュフなども、外生菌根菌である。

本章で紹介しているパッチでは、タイプ3のホンゴウソウの仲間がよく見られる。ホンゴウソウの仲間は、ホンゴウソウ科に属する植物で、光合成のための葉をもたないという、菌従属栄養植物ならではの特徴を持っている。葉をもたないうえ、茎は細く、花も小さい。さらには全体が紫色をしているため、暗い林床では非常に目につきにくい存在である。森の中を普通に歩きまわっていたら、目に入らない存在だろう。日本産のホンゴウソウ科の植物としては、ホンゴウソウ、タカクマソウ、イシガキソウ、ウエマツソウ、スズフリホンゴウソウが知られていたが、二〇一五年にあらたにヤクシマソウが発見、命名された。じつは、沖縄島のこのパッチで見られるホンゴウソウ科の植物は、現時点では、まだきちんとした分類的な位置づけが決まっておらず、菌従属栄養植物の研究者に見ていただいている最中である。

また、このパッチでは、ラン科の菌従属栄養植物も見つかっている。菌従属栄養植物は、花の

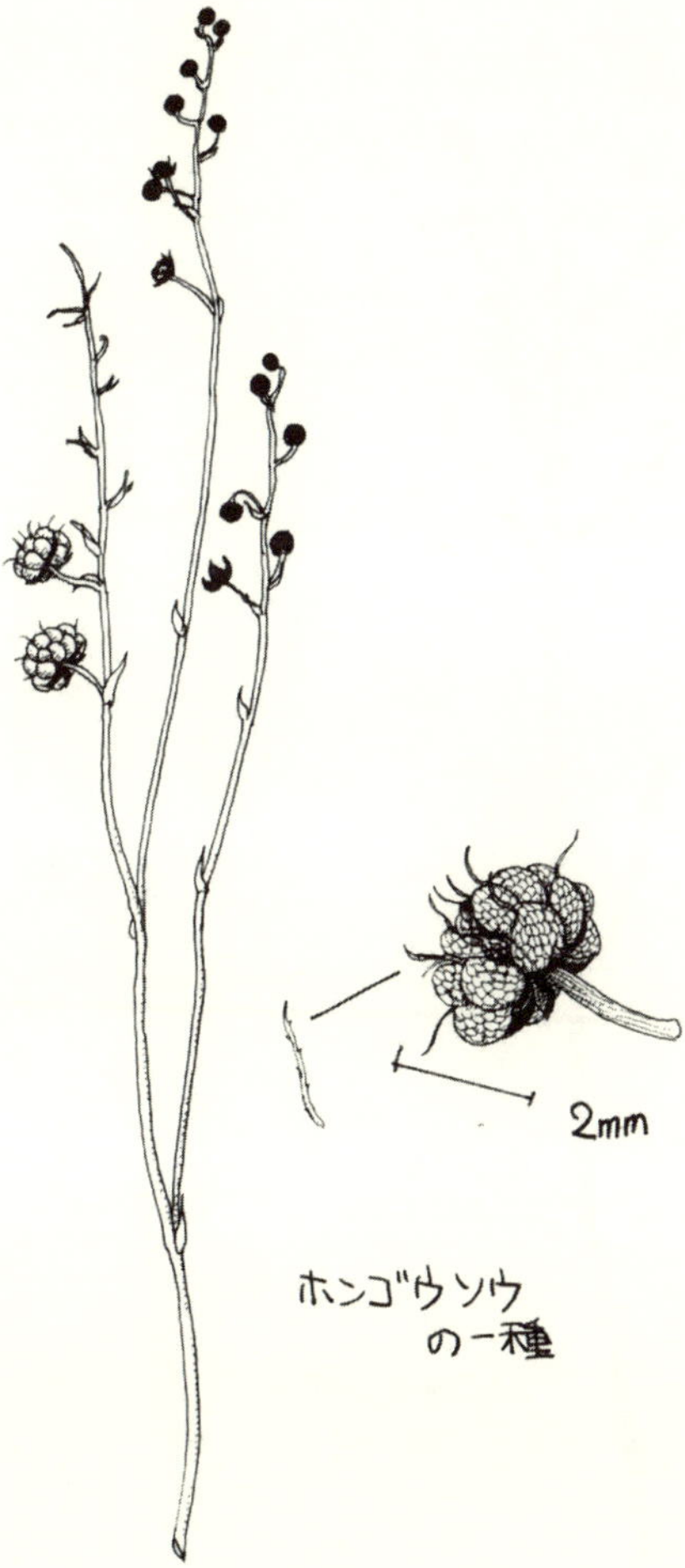
2mm
ホンゴウソウ
の一種

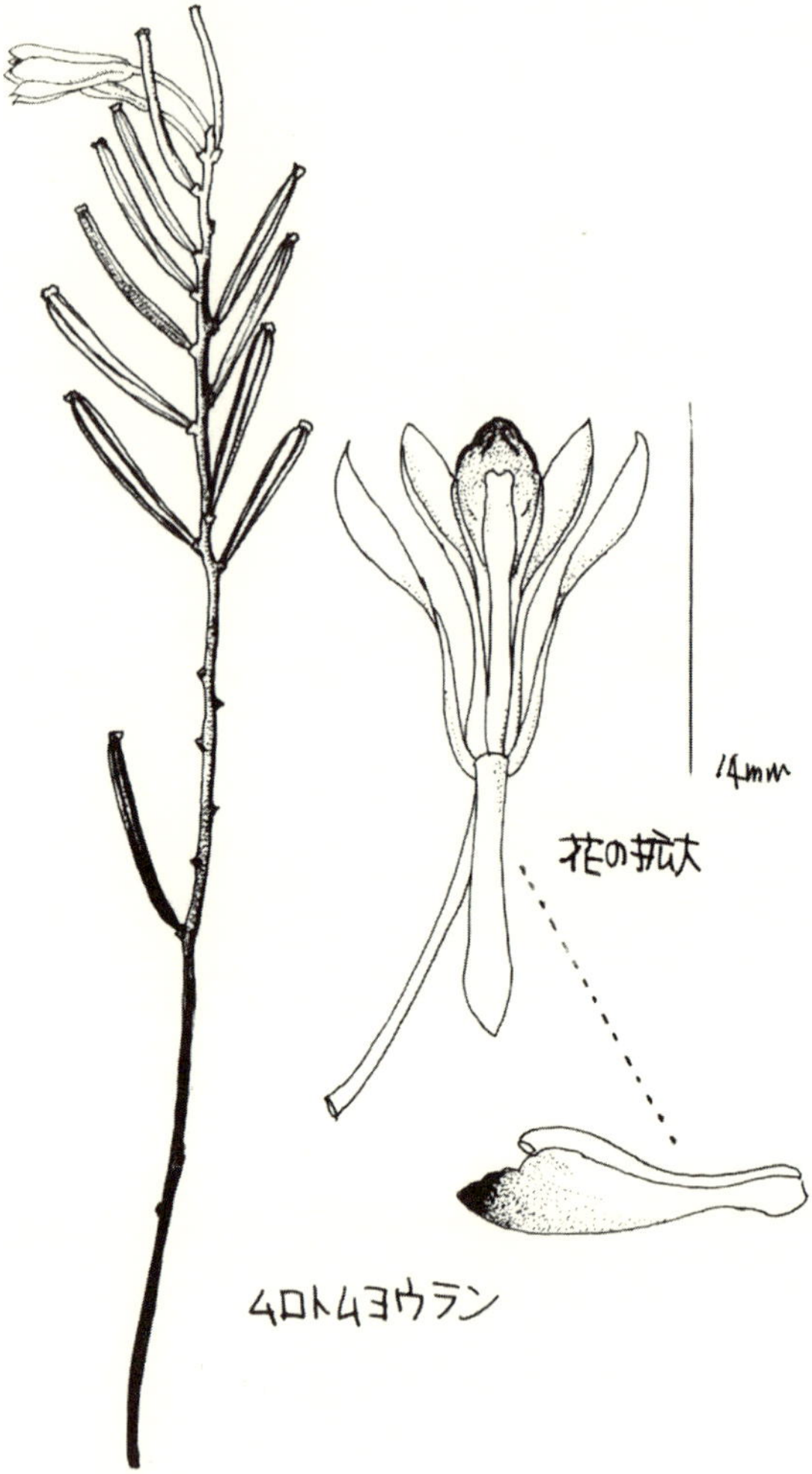
14mm
花の拡大
ムロトムヨウラン

咲いている時期以外は地上部が存在しないため、花の時期にうまくあたらないと、その森に存在することと自体、気づかずに終わってしまう。このパッチだけで、ウスキムヨウランとムロトムヨウラン、タカツルランのほか、ヤツシロランの仲間が二種見つかっている。このヤツシロランの仲間についても、まだきちんとした分類的位置づけが決まっていない。ヤツシロランは腐生菌に寄生するタイプ2の菌従属栄養植物である。このパッチのヤツシロランは二種とも三月下旬に花がみられるが、地上近くに咲く花の色は暗いセピア色で、ホンゴウソウにもまして、暗い林床では発見が難しい。このような花をつけるヤツシロランは、キノコのようなにおいを出すことで、ハチではなく、ショウジョウバエの仲間を呼び寄せ、花粉を媒介することが分かっている。また、

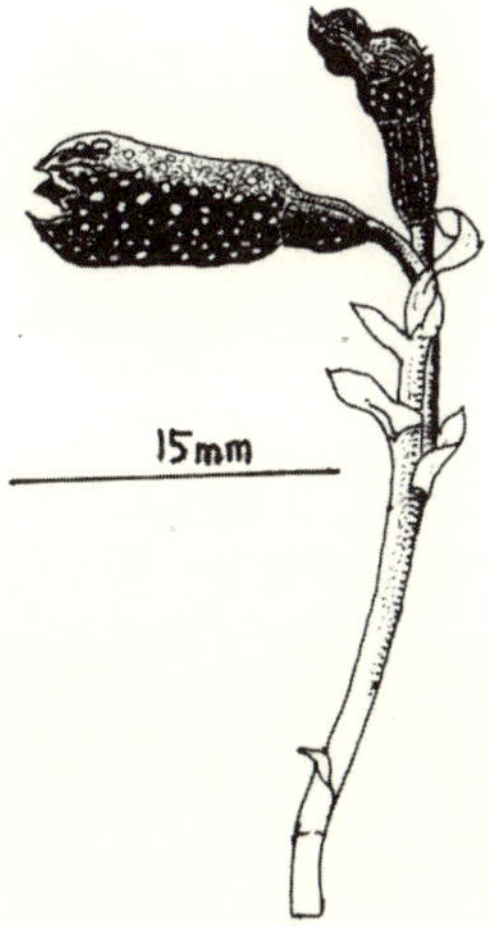

ヤツシロランの一種

このパッチで見られるヤツシロランのうち一種は、花をつけるものの、ツボミ状のまま開花せず、自家受粉をして結実させる種類である。このような繁殖にかかわる工夫も、暗い林床で暮らす上で身に着けた工夫であると言えるだろう。やんばるの森の菌従属栄養植物は、どんな種類が生育しているかについても、まだ十分にわかっていない状況である。

菌従属栄養植物について紹介されている『森を食べる植物』（塚谷祐一 二〇一六）を読むと、菌従属栄養植物が豊富に見られる森は「生態系が安定した、余裕のある森である」と書かれており、菌従属栄養植物は「森を食べる植物」とも、「森の結晶」とも言えるという表現がなされている。この表現を借りるとすると、やんばるの森といっても、「森の結晶」を見つけることのできる森は、その、ごく一部である。が、言い直せば、やんばるには、今もなお、「森の結晶」を見つけることのできるパッチ状の森が存在する。つまり、やんばるの自然の保全を考えるとき、個々の貴重な種の保全とともに、そのようなパッチ状の森の存在を認識し、保全していくことが重要だろう。

五章　人々の暮らしと自然

イジュ

1 沖縄の里山

沖縄に移住したばかりのころに、もう一度、話を戻す。やんばるにはある種の距離感を感じて沖縄島南部を歩き回っていたのだが、そのように感じた、ある印象的なやりとりがある。

沖縄に移住したばかりの僕は、沖縄の自然について詳しい人から話を聞こうと、生物研究者のもとを訪れ、話を聞くことにした。すると、その時同席していた、沖縄在住の生物研究者の一人に、「何をしに沖縄に来たのか?」と詰問をされたのだ。「やんばるの珍しい生き物を見に来たのか?」と。

その当時の僕は、やんばるに珍しい生き物がいるということ自体、よく認識できていなかった。沖縄に移住し、沖縄の自然や、沖縄の人と自然の関わりについて、見たり聞いたりしたいという、漠然とした思いがあったのみだ。そのため、この詰問にあって、やんばるに足を踏み入れることへの、一種の抵抗感のようなものが生まれてしまった。自分の中に、やんばるに足を踏み入れる確固とした思いがあったわけではなかったからだ。同時に、やんばるの珍しい生き物以外に、自分が見るべきものがあるのではという思いもわいた。そこでふと頭に浮かんだのが、「沖縄には、里山があるか?」という疑問だった。

僕が生まれ育ったのは千葉県南部の田舎町の里山である。大学を卒業後、教員として勤務することになったのも、埼玉県の里山の中に建てられた学校だった。ところが、沖縄に移住してみると、那覇一帯は思いのほか大都会であり、その一方でやんばるには森が残っているものの、里山的な環境というものが、すぐには見当たらなかったのである。もちろん、沖縄島にも農村部はある。が、そこで見る風景は、一面のサトウキビ畑であり、それまでの自分の持っていた里山のイメージとはずいぶんと異なるものだった。

この沖縄島の「里山探し」が、やがてフィッシャーの化石と同様に、やんばるを別の角度から見る視点を与えてくれることになる。それは、やんばるにも古くから人が住みついており、その人々と自然との関わりあいがあるという視点である。

沖縄島の里山探しの入り口となったのは、お年寄りたちからの聞き取りだった。最初に話をうかがったのが、沖縄島南部・旧玉城村(現南城市)・仲村渠に居住する昭和九年生まれの金城善徳さんである。

沖縄島南部は低島的な環境であり、大雑把にいえば、台地とその斜面、海岸沿いに広がる平地からなっている。仲村渠の集落は、台地上に位置している。台地の表土は赤土で、その下には石灰岩があり、そのさらに下部にクチャと呼ばれる泥岩が堆積している。透水度の高い石灰岩と、透水度の低い泥岩の境目に沿って地下水が流れ、台地斜面の両者の境界からは湧水が湧き出て、この湧水が小さな川となり、斜面を流れ落ち、海岸沿いに広がる沖積地を潤して、海に流れ込んでいる。

戦前から戦後しばらくまで、沖縄島南部でも稲作は続けられており、湧水を水源として、ゆるやかな台地斜面に棚田が作られていた。一見、海岸近くの平地の方が田んぼには適していそうだが、湧水の水量が限られていることもあり、湧水に近い棚田の方が、田んぼとしては有利であったのだという。また、石灰岩地は基本的に透水性が高く、田んぼも常に漏水の危険があったことも、こうした土地の利用形態の形成に関与している。また、田んぼとして適さないときは畑とされた。主要な作物は、主食代わりとなるサツマイモと、副食に充てられたダイズ、換金作物のサトウキビである。

聞き取りから見えてきたのは、こうした、集落および耕作地を中心とした、沖縄島南部の里山の姿だ。仲村渠の場合、耕作地以外に、里山を構成する重要なファクターがほかに二つ存在する。それが、原野と、ウカファ山である。台地斜面などには、石灰岩が露出するなど田んぼにも畑にも適さない土地がところどころにある。こうした土地の一部は、低木や草の茂る原野としてあった。この原野は、製糖をする際の薪（といっても、低木の枝や幹にイネ科の草がまじったような薪がほとんどだった）をとる、サーターダムン山（砂糖薪山）であったり、モーと呼ばれる家畜のための採草場であったりした。また、飢饉の際の食料であったソテツも原野に植栽されていた。耕作不能地のもうひとつの利用が、ウカファ山である。これは、田んぼの緑肥となるウカファ（クロヨナ）が生育していた一帯である。根粒菌を持つマメ科の樹木であるクロヨナの葉は、緑肥として有効であった。ウカファ山は個人の所有物であり、金城善徳さんの家の場合、七〇〇坪の田んぼに対して、三〇〇坪のウカファ山があったということから、ウカファ山が里山の重要な構成要素であったことがわかる。

こうして、例えば沖縄島南部の里山の場合、「耕作地」「原野（サーターダムン山、モー、ソテツ植栽場）」「ウカファ山」といった構成要素があることが見えてきた。

このような、本来の里山は、沖縄島の場合は、一九六三年に起きた大旱魃を期に、大きく姿を変えてしまう。県の統計資料にあたると、この年をきっかけに、沖縄島の田んぼが急減することが明らかになる。田んぼの減少は、世界的な砂糖の単価の値上がりや、自給自足的な生活から貨幣経済の普及への転換など、いくつもの要素がからんでいる。が、「田んぼがあったころ」をキーワードとして、お年寄りに聞き取りをおこなうことで、かつての里山の様子が聞き取れることがはっきりした。そこで、屋久島から波照間島までの琉球列島各島で、田んぼがあったころの、植物利用について、お年寄りからの聞き取り調査を行うことにした。植物利用全体についてでき

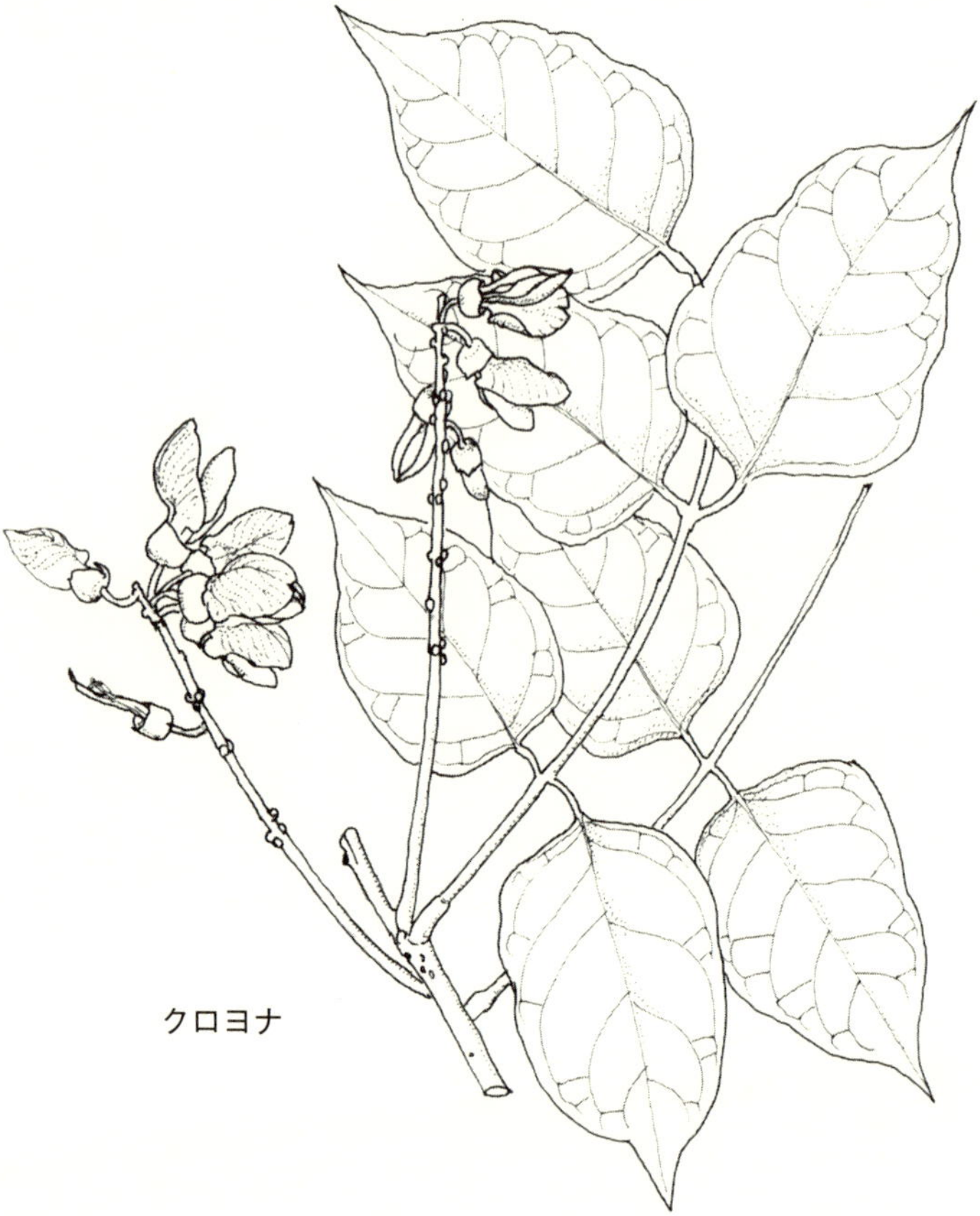

クロヨナ

るだけ聞き取るとともに、薪に使っていた植物、緑肥に使っていた植物、ソテツなど、里山の構成要素に関係する植物利用については、特に重点的に聞き取ることとした。

2 やんばるの里山

かつて、沖縄でも、里山において田んぼは重要な存在であった。そのため、田んぼの水の供給源である川の存在もまた、重要であった。やんばるに流れる川のほとんどは、水系が短い川である。その川ごとといっていいほど、河口部の平坦地に集落が発達しているのが、やんばるの里の特徴と言える。

河口近くの川沿いの平坦地に集落と田んぼがあり、それを取り囲む周囲の山の斜面を開墾して段々畑が作られ、さらにその背後の山では、炭焼きや薪、材を採るための山仕事が行われた（または、一部の山林を抜開し、開墾と呼ばれる畑作、藍作がおこなわれクスなどの植林がなされた）というのが、一般的な里山の姿ということになる。現在、植林されたクスも顧みられず、段々畑は森に戻り、田んぼもほとんど姿を消すに至っている。クニマサさんに奥の集落の変遷について、少し紹介してもらうことにしよう。

クニマサさんは幼少期からのさまざまな記憶を鮮明に覚えている。その“最初の記憶”は、水の生き物に関するものだ。ここに、やんばるの里山と川との関わりの深さの一端を見るような思いがする。

コラム：最初の記憶

僕は、一九四八年三月二八日（日）に時計が回った頃に生まれたと母・幸子（一九二二年生）から聞かされた。生れた場所はイーチーヤーと呼ばれていた屋敷のウシンヤー（牛小屋）である。戦後、外地から引き揚げ者や復員者などで、人口が急激に増え住宅事情が悪かったとのことで、父方の牛小屋に住まわされていたのである。僕の記憶に残っているのは、生まれた牛小屋ではなく、その後、生活をするようになった屋敷である。その屋敷は南側にアタイ（菜園）があり、北側の防風林に囲まれた所に赤瓦葺きの母屋があった。そのアタイの南隅の道に面した所に小さなトタン葺きが、僕の住んでいたところで、僕の記憶の発祥場所である。

ある朝、父・浜吉（一九一六年生）が呼んでいるので目をさまし外に出ると洗面器に入れたハーガニ（モクズガニ）を見せられた。もちろん名も知らない生きもので、洗面器から抜け出さないようにと平たい石で甲羅を抑えてあった。今考えると、子どものために父がペット用にと捕まえたものではなく、朝飯用にでもと捕まえられたものだったであろう。ただし、口に入れた記憶はなく、当然、美味しかったかまずかったかの記憶もない。これが僕の最初の記憶である。

子ども時代、我家の屋敷と前蔵ン根の屋敷の間を、部落の北側に開かれたミーダー（新田）へ水を通すナガミジバイ（潅漑用水路）があり、時々ターイル（ギンブナ）が舞い込んでくるのが見えた。そして、ターイルを捕まえてバケツに入れていると父が、車用のバッテリーの古いものの中身を抜出し、水層代わりにしてくれた。そこで飛び出さないように、当時アンガーの浄水用タンクの下にあったトーギョ（タイワンキンギョ）養殖場からウキグサ（ホテイアオイ）を貰ってきて、バッテリーの水槽に浮かべてターイルを養った。私は、ターイルが大きくなったらコイになるものと思い込んでいたが、確かに白かった鱗が鯉のように黒ずんできたものの、手のひらより大きく成長する事はなかった。

コラム：奥川の変遷

奥集落を流れる川は、南にそびえる西銘岳（標高四二〇メートル）を源流としたウクガー

（奥川）が本流をなし、多くの支流と合流しながら南から北に流れ、奥湾に注いでいる。ウクガーの中でも集落の東側を流れる付近は、ウッカー（大川）と呼ばれていた。また、集落の中心部を西から流れ、ハーランチビ（川尻）で奥川に注ぐアンガーと呼ばれる支流は、集落の中を流れる下流域をハーランクヮー（小川）と呼び、ウッカーとともに、生活に欠かせない場であった。主食であった芋や野菜を洗い、洗濯をし、トゥトゥチンナイ（ソテツの実）をあく抜きするために水にさらす場であり、子どもたちがターイル（ギンブナ）、タナガー（テナガエビ類）、ウナジ（ウナギ）を獲ったり泳いだりする遊びの場でもあった。

その他にウクガーに注ぎ、住民と関わった支流には、ヒクリンガー、ワタンナガー、チヌプクガー、タチミチガー、ハシッタイガー、アハマタガー、アラマタガー、ウチンヒチガー、マチアラシガー、ウフグシクガーなどがある。

ウクガーは河口から約三キロメートルまでは落差がなく、そこから約一キロメートルは落差の大きい急流域をなし、その後、約一・二キロメートルは落差のない流れとなり、その後は多くの支流が合流する落差の大きい流域となっている。

ウクガーは河口から約三キロメートルまでの落差のない流域には、アムト（土手）が構築され、そこにはハーダヒ（ホウライチク）とデーク（ダンチク）が植えられた。アムトの内側に垂れ下がった葉や根本は、ターイル、ボラ、イーバ（ハゼやヨシノボリ類）、アユ（リュウキュウアユ）、ミスー（ユゴイ）、ジクル（オオクチユゴイ）、ハーウナジ（オオウナギ）、ハーガニ、アカチミガニ（アカテガニ類）、タナガー、セー（ヌマエビ類）等のさまざまな水生動物の棲みかとなっていた。そしてアムトの外側には川に沿った細い水田地帯を形成していた。

アムトはハーチビ（河口）からウッカーまでの工事が一九三八年に完成し、アムトの川に面した法面に石垣が積まれ、その基礎部には松杭が打たれ、堤防を保護するために杭と堤防の間に石が敷き詰められていた。杭の間に積まれた石の隙間は、ハーウナジやイーバー（ハゼ類）、タナガー、ハーガニ（モクズガニ）の棲みかであった。

アムトのくい打ちされた所は、水位の低い時は歩くことができたので、そこに下りてイバーやウナジ、ハーガニを釣って遊んだ。小さな魚を釣り上げても、「仕事をせずにプリアシビシー（怠けて仕事をしないで遊ぶこと）して」と怒られるので、持ち帰ることはしなかった。

家の近くにはシンタロウヤーヌハンダーヤー（宮城親太郎（一九一〇年生）が経営する鍛冶屋）とイルバタヤンクヮヌハンダーヤー（比嘉久次（一九二一年生）が経営する鍛冶屋）があり、シンタロウヤーヌハンダーヤーにはいつも親太郎が居て、鍬や鎌などの農具の修理をしていた。子どもたちは釣った魚をここに持ち込んで、サバ缶詰の空き缶で炊いて食べた。親太郎は私たちの獲物を期待して待っていた。また、子どもたちに鞴を回すのを手伝いさせもした。そうこうしながら、僕たちは農機具の修理の仕方や、タガネの入れ方などを教わったのだ。おかげで、僕は小学校に入学する前には、ナイフやモリ作りが得意となっていた。

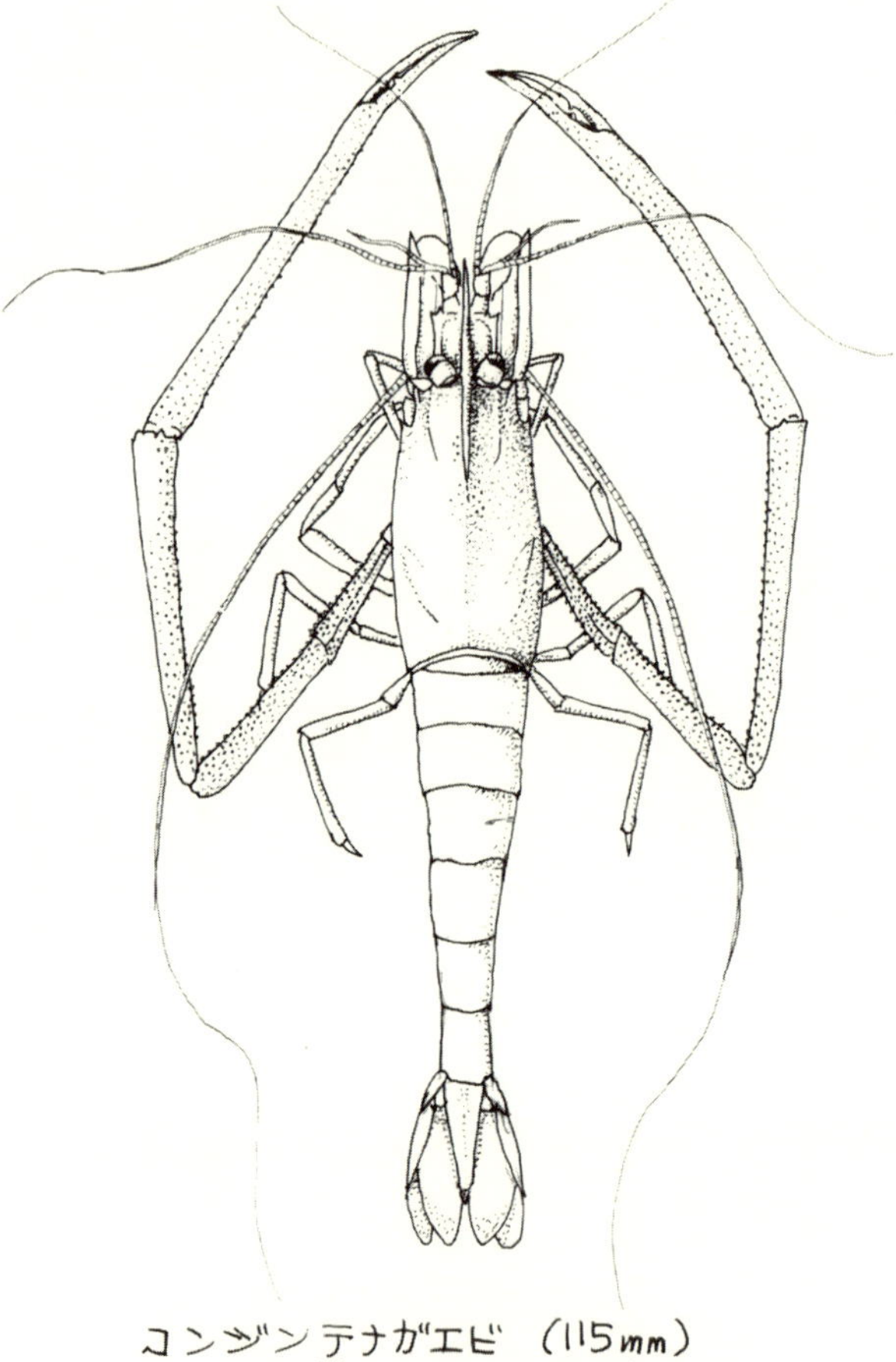

コンジンテナガエビ　(115mm)
タナガーと呼ばれるエビの一つ

コラム：田んぼの消失

奥川沿いの沖積層帯は河口から、ミーダー、マンカー、プカー、サバンナー、ウエーダ、ヒクリン、ヌガンナー、ガジマナ等の水田（ターブクル）が広がり、稲作の盛んな頃はそれぞれ美田を誇っていた。

河口から一番目の支流であるアンガーは、長く奥の簡易水道の水源地として活用されていたが、上流域の茶畑を始めとした開墾の影響で水が汚染されるようになり、飲料水として利用できなくなったため、一九七三（昭和四八）年にアンガーの水源は放棄された。またハーランクワーは洪水による氾濫策として三面をコンクリートで固めたことから川が渇き、豊富に棲息していた水生生物も失われた。

アンガーの水源を放棄した時に、あらたに集落の水源として開拓されたのが、現在の奥集落センター敷地でボウリングを行い、地下水を汲み上げるという方式だった。汲み上げた水はアンガーの水タンクにポンプアップして、自然落差を利用した水道として利用されたが、ドロ臭いにおいがするとのことで評判は良くなかった。また、長く無料であった水道は地下水に変わり、ポンプアップに電気料がかかるため、一人に付き二〇円が徴収されるようになった。その後一九七四年には、水道メーターが設置され、村営の簡易水道へとなった。

昔から農業や日常生活と深いかかわりをもち、母なる川として集落の人々から親しまれてきたウクガーは、一九六九年一〇月の大雨による大氾濫で土砂災害をもろに受け、肥沃な水田地帯は土砂で覆われてしまう。その後、一九七〇年から一九八〇年にかけて行われたウクガーの大改修工事が行われる。この結果、フムイ（淵）があり蛇行したゆるやかな川は、フムイのない直線型で深く掘り下げられた広い川となり、かつての景観は失われてしまった。また、ハーダヒやデークの生い茂ったアムトは消失し、豊富な水生動物も棲み処を失うことになった。一方、大雨のための土砂で埋まった水田地帯は、その後の一九七二（昭和四七）年の本土復帰に伴う減反政策のあおりで、水田として復活されずに畑地化されることになる。しかし、サトウキビを栽培したものの収穫量が乏しく、結局放棄されることになってしまった。

こうして往時の美しい田園風景は見られなくなったが、新たにできた河川敷を活用して、一九九〇年五月に第一回「奥鯉のぼり祭り」が開催されるとともに村興しの機運が高まり、二〇〇一年四月にサバンナー付近の田園跡に、奥ヤンバルの里交流館と宿泊施設が整備された。二〇一六年現在、鯉のぼり祭りは二七回を数えている。

（宮城）

3 里山の多様性

琉球列島の里山についての聞き取り調査をしてわかったことは、一口に里山といっても、その実態は実に様々だったということだ。何度も書いているように、琉球列島には大きく、低島と高島があり、まず、この両者で里山の在り方が違う（そもそも低島には田んぼがない場合が多い）。それだけでなく、同じ高島でも、集落によって、里山の在り方が違っている。

例として、ソテツに注目してみよう。

「ソテツ地獄」という言葉を耳にされたことはないだろうか。戦前の世界恐慌のおり、ソテツを食べるほど沖縄県民が貧窮に苦しんだという意味で、この言葉は語られる。ソテツは実や幹に多量のでんぷんを含むが、同時に有毒植物であるので、そのようなものまで口にせざるを得なかったというニュアンスがそこには含まれている。

ところが、聞き取りをしてみると、ソテツの利用については、島（集落）による違いがあり、それに伴い、ソテツについてのイメージも島（集落）によって違いがあった。

一番端的な例は、奄美大島瀬戸内町・清水で大正一一年生まれの話者から聞き取った、以下のような話である。

「子どもの頃、米を食べるのは年に何回よ。普段はイモです。今でも自分はイモよ。イモの無い人はソテツ。あれで育ったのよ。今の人に言ってもわからんが、ソテツは自分らの恩人だからね」

この話の中に出てくる「ソテツは恩人」という言葉は、先の「ソテツ地獄」とはずいぶん、ニュアンスが異なるように思える。

この話からわかるのは、奄美大島の清水では、ソテツは救荒食というよりも、家庭によっては日常食であったということだ。奄美大島・旧宇検村出身の初和一六年生まれの方からも、「一〇三歳のおじいさんに、ソテツ地獄という言葉を使ったら、〝罰当たり〟と言われた」という話を聞き取った。そのお年寄りの言うには、「ソテツのおかげで生き延びているのだから、ソテツ地獄ではなく、ソテツ天国である」というわけだった。

久米島・仲地での聞き取りでも昭和一一年生まれの方から、「ソテツの実は、今でも食べてるよ」という話をうかがった。ソテツの実を割って干し、それを粉にして乾燥させたあと、水に漬けてアクを抜き、さらに麴をたたせてから、洗って粉にするというのが、実の加工方法である。この粉を野菜やだし汁と一緒に煮て、ターチーメーと呼ばれる雑炊状のものを作る。話者は「ターチーメーはおいしいよ」と口にしたのだが、聞き取りにあたって実際にターチーメーもごちそうになると、これは確かにおいしいものであった。なお、安渓貴子さんの琉球列島のソテツ利用の調査から、ソテツの毒抜きに関しては以下の方法があることが知られている。ここで聞き取ったソテツの実の毒抜き方法は、このうち、タイプBにあたる。ソテツの実の毒抜き方法にも、これだけのバリエーションがあるわけである。

タイプA：水さらし→加熱
タイプB：好気発酵→水さらし→加熱
タイプC：水さらし→好気発酵→加熱
タイプD：水さらし→好気発酵→水さらし→加熱

その一方、昭和一二年生まれの与那国島生まれの話者からは、「ソテツの実を味噌にして食べたことはあるけれど、主食代わりに食べたことはなかった。幹のでんぷんを食べたということもない」という話を聞き取ったこ

ソテツの実の収穫

とがある。昭和九年に石垣島・登野城で生まれた話者からは「ソテツは食べたことがあります。アクが強くて、おいしくないものという思いがありますが、戦後は食糧難でしたから」という話も聞いた。

では、やんばるでは、ソテツの位置づけはどうだったのだろう。

沖縄島最北部に位置する集落、奥では、かつて、ソテツを救荒食ではなく日常食として利用していた。奥ではソテツの幹の外皮を削り落とし、内側にある内皮の部分を短冊状に切り、乾燥させたあと発酵させて、水に晒して、毒抜きしたものを炊き、さらにソテツのでんぷんなどをふりかけ味付けしたものを、ケーラニーと呼び、茶菓子代わりにしていた。またソテツの実を流水にさらしてのち発酵させて毒抜きし、粉砕してできた粉を米と一緒に炊いたものは、トゥトゥチンナイメーと呼ばれた。ソテツを使った食品についてのイメージについては、「おいしくなかった」という声と同時に、「ソテツのご飯とあうのは、バターです。これ、最高。今でも一番のごちそうだと思っている」という声も聞いた。

また、ソテツ食が日常的に見られたかどうかだけでなく、里山の中でソテツがどこに植栽されていたかも、地域によって以下のように違いがあった。

ソテツの幹を食べる
幹を輪切りにして
外皮をそぐ

殻をむいたソテツの実を川の中に漬けて
毒を抜く。ただしこれは現代風のやり
方。伝統的にはソテツの実をバーキ（ササ
カゴ）の中に入れて川の中に漬けた。

ソテツの生育していた場所

奄美大島　スティツバティ（ソテツ畑）・畑の境界
沖縄島（奥）　畑の縁に植える・原野
沖縄島（仲村渠）　畑の畔の脇・原野（サーターダムン山と採草地を兼ねる場所）
伊江島　ソテツ敷（ソテツを植えた畑）・ソテツ毛（自然に生えた群生地）
久米島（仲地）　スティツブリー（ソテツばかりの植栽地）・畑脇
伊良部島　原野
石垣島（登野城）　原野
波照間島　畑の周囲に土止めとして植える
与那国島　畑の境界に防風用として植える

ソテツの生育していたのは耕作地とならない原野であったという島と、ソテツはわざわざ「ソテツ畑」と呼ばれる場に植えられていたという島があったわけである。

コラム：ソテツ料理

ソテツは境界線がわかりにくい山野に多く自生していた。実の収穫をする場合は、実が赤く熟する十月ごろ、争いを防ぐための配慮から、区からの収穫解禁の指示で一斉に収穫を始めた。収穫した実は殻を二つに割り、白い中身を取り出してから陽に乾して乾燥させて保管する。そして必要な分だけ、そのつど水（川）に漬けてアク抜きをし、ウスで砕いて粉にして食用とする。粉はトゥトゥチンナイメー（ソテツご飯）や雑炊、カステラ、味噌の材料などに利用した。ソテツの実の殻は、油分を含んでいるので、乾燥させて燃料にした。

ソテツの茎からでんぷんを取る場合は、黒くごつごつした厚い表皮を削り取り、縦に四つに割り、すり潰してでんぷんを取り、絞り粕は味噌の材料などにした。

幹の芯はナガジクといい、発酵させて絞りでんぷんを取った。でんぷんは団子状に握り乾燥させたものを、お粥に入れて「ナガジクメー」にしたり、ゆがいて油で炒めたりしたが、これらは少し酸っぱい味がした。

ケーラニーは、縦に割った茎をさらに横に一糎程度の厚さに削ったもので、これを種々の処理を行って毒抜きをしてから、ソテツの澱粉などを混ぜて料理して食べた。

ソテツは有毒ではあるけれど、奥では中毒をしたという、話は聞いたことがなかった。

人手もかからず、野山に多く自生するソテツは、戦前戦後の食糧難の時代には多くの人を飢

餓から救った。しかし今では、誰一人として見向きもしない。何かの利用法はないものかと思う。（宮城）

4 里山の区分

ソテツ利用で見たように、琉球列島のかつての里山の在りようには、多様性があった。しかし、さらに見ていくと、多様に見えた里山の在りように、区分のようなものが存在することもまた、見えてきた。

ソテツの実や幹に含まれるでんぷんは、食用として利用されていたのだが、ソテツはそのほかにも、さまざまな用途として使用された。例えば、低島的な沖縄島南部では、利用できる土地はすべからく利用されていたため、日常の煮炊きに使う薪の供給源は限られていた。そのため、原野に生育していたソテツの葉の枯れたものは、スーチバーダムンと呼ばれ、薪として重宝された。また、沖縄島南部では、前述したように、田んぼの緑肥にクロヨナの葉を利用していたのだが、奄美大島の場合は、ソテツの葉を田んぼの緑肥とした。話者によれば、ソテツの葉を踏み込む作業は子供の仕事であり、素足にソテツの葉が刺さり、とても難儀な作業であったという。ソテツはマメ科とはタイプは異なるが根粒を持ち、その葉には青刈りのダイズ以上の窒素分が含まれることが知られている。

琉球列島の田んぼの緑肥利用をまとめてみると、大きく、ソテツ利用とクロヨナ利用の文化圏に二分されることがわかった。奄美大島を中心に、沖縄島北部（奥）、久米島にかけてソテツの葉の利用が聞き取れる。また、沖縄島南部から、石垣島、波照間島にかけて、クロヨナの葉の利用が聞き取れる。この緑肥利用の二つの区分は、低島、高島という島の区分とは対応していない。

田んぼの緑肥利用には、このほかに、明治以降に導入された植物（ソウシジュ）を使う場合と、特に樹種は定めず、手に入るさまざまな樹木の葉を利用する場合があった。緑肥としての植物利用のもともとのかたちは、さまざまな樹木の葉を利用するというものであったろう。そこから、ソテツ利用とクロヨナ利用という二つの区分がみられるようになり、その後、島（集落）によっては、新導入の植物の利用が取り込まれたという流れになる。

奄美大島を中心とした地域でソテツの葉の緑肥利用がみられるのは、必ずしも低島、高島という地形や地質に第一の要因があるのではなく、どうやら歴史に要因がありそうに思える。奄美大島から与論島にかけての島々は、薩摩藩の琉球侵攻によって、薩摩藩の領土に組み込まれた島々であり、その後、江戸時代を通じて、サトウキビの植栽が強制的に進められた。そのような中で、米はおろか、サツマイモの栽培の土地さえも不自由した島々の人々が利用したのが、ソテツであった。ソテツを植栽し、日常的に利用する中で、同時にソテツの葉を緑肥として利用するしくみを生み出すことになったと考えられる。

それに対して、沖縄島以南の琉球王府の領土下にあった島々では、奄美大島ほどサトウキビ畑に特化した土地利用がなされていたわけではなかった。そのため、王府から救荒食料源としてのソテツの植栽の奨励・敢行は行われていたものの、奄美大島を中心とした地域ほど、ソテツに特化した植物利用の文化は生まれなかった。さらに、王府の手による農書などで、緑肥としてはクロヨナの利用が推奨されたことが、沖縄島南部以南の島々で、クロヨナの利用が広くみられる理由だと考えられる。その証拠と考えられることに、クロヨナの呼び名の統一性があげられる。ユネスコによれば、琉球列島には、奄美語、国頭語、沖縄語、宮古語、八重山語、与那国語と呼ばれる独自の言語があるとされている。実際、植物利用の聞き取りにおいても、同一の植物に対して、島ごとに異なった名前がつけられていることを聞き取ることは常である。ところが、クロヨナに関しては、沖縄島でウカファ、伊良部島でウカバ、石垣島でウカバ、波照間島でブガマ、与那国島でウガバと呼ばれているように、明らかに語源を同一にしていることがわかる名称が使われている。もっとも、これらの島々には、このように王府からの伝達に由来するという、農業技術としてのクロヨナ利用が広くみられるが、クロヨナの里山での在りようは一様ではない。かつては低島である波照間島でも天水を利用した田んぼが作られていた。波照間島の場合は、緑肥に利用するクロヨナは、石灰岩が露出している耕作不能地にまとまった形で生育している（ウカファ山）のではなく、田んぼの畔に植えられていたという。

クロヨナは、海岸や石灰岩地に多く見られる植物である。そのため、同じ沖縄島にあっても、やんばるでは沖縄島南部ほどクロヨナの姿を見かけない。また、沖縄島南部と異なり、集落の背後には、種々の樹木の生育する山林がある。そしてまた、沖縄島南部に比べ平坦地の少ないやんばるでは、ソテツの食用としての利用が沖縄島南部よりも日常的だった。このようなことから、奥では、田んぼの緑肥として、種々の雑木の葉を主体としながら、ソテツの葉を利用するという形態が見られたと考えられる。このため、奥の場合、里山の構成要素に、ウカファ山のような、緑肥専用の土地利用は見られない。このように、人々の営みの影響を強く受けた自然である琉球列島の里山は、歴史、文化、地形や地質などを背景に、個々様々な様相を見せていたわけである。

クニマサさんによれば、奥ではソテツのほか、リュウキュウチクも緑肥として利用することがあったという。切り口の鋭い竹を、田んぼに素足で踏み込むなどということは、実際に話を聞くまで想像もできないことだった。あわせて、戦後すぐの人々のくらしぶりがコラムからは読み取れる。

コラム：開墾暮らしと初めての稲作

戦後、復員してきた人で奥の人口は急増した。あわせて生徒数も増加したことから、集落内からウプドーと呼ばれる標高二一〇メートルの地点に、奥中学校が移転することになった。そして僕の父・浜吉が学校の守衛を引き受けることになり、また、学校の西側の敷地のカイクン（開墾）が許可されたことから、僕の家族は一九五一年（僕が三歳の時）に集落内からウプドーに引っ越すことになった。

父と母は、ウプドーに中学校の移転が決まり管理人を引き受けた頃から、開墾地を拓いていたようで、そこに植えられた芋は収穫できるほどに育っていた。引越して間もない頃、手作業で行われていた山越県道の工事は、奥と辺戸の字境界であるヤマダへーでの接続工事で完成・開通となる行程となっていた。その最後の工事をブルドーザーで行うとのことで、その文明の利器の威力を見るために奥や辺戸の住民たちが見物に押し掛けた。そして完成した県道は陸の孤島と呼ばれていた奥集落への陸路交通の始まりとなり、六〇〇年余も続けられていた海上交通は終焉したのである。

一方、ウプドーの中学校敷地はなかなか本格的に整備されず、学生たちは農園開拓とともに、手作業による運動場の拡張整備も続けていた。私の家で寝泊まりしていたブルドーザーの操作員が、運動場整備をするとのことで、運動場整備の日には奥集落の住民が大挙して弁当を持参して見学に来たことを覚えている。住民たちは大きな音をとどろかせて黒い煙を噴き上げ、キャタピラの金属音を響かせながら動く機械を目のあたりにし、また、大きな松の木を根こそぎ倒す様子に感動し、目をぱちくりさせ、一日中見入っていた。そして親戚の何人かのおばさんたちは、僕の家の畑で大きく実った芋をザルに押し込んで、集落へ引き揚げて行った。

当時の中学校の校舎は屋根や壁を含めカヤ（リュウキュウチク）で葺かれ、まさに馬小屋であった。弁当は男女ともパーギ（小さな竹籠）に入れた芋であったので、男子生徒は教室の屋根の桟にそれを吊るして、休み時間になると上級生は天井越に下級生の教室に渡っていき、バーギの芋をくすねて食べ、下級生にひもじい思いをさせていた。

運動場の整備がブルドーザーにより完成させられたのち、中学生たちは本格的な開墾と学業に励むことになった、学業に励むというよりは、開墾に励んだと言った方がいいと、当時の先輩達は事あるごとに口にしている。

開墾跡には、芋、サトウキビ、パイナップル、スモモ、ビワ、ミカン、バナナ、大根、ジャガイモなどが植栽され、その肥料としての堆肥を得るために牛・山羊・豚が飼育された。牛は農耕と堆肥、山羊は堆肥と繁殖用、豚は堆肥用で、このうち豚には芋や野菜切れ端と、学生の弁当の残り物などを与えて飼育し、大きくなったらつぶして生徒たちがご馳走として頂いた。

当時の奥中学校には、一年生から三年生まで男女五～六人でグループ分けした当番があった。

女生徒は、薪取り、水汲み当番だった。水汲み当番は一番で登校し、学校で使う水と、校門前の県道の松の下に通行人用の水を、バケツに入れておいた。薪取りは放課後に行い、豚の餌は朝と夕方に炊いてあげた。男性の当番は牛やヤギの餌としての草刈りである。

僕が中学校に通った頃には社会状況が変わっていた。教科も農業家庭から技術家庭と変わり、開墾はせずに先輩達が育てたミカンやスモモ、パイナップル、サトウキビの収穫をするのみであった。

奥部落から運ばれた建築材で組建てられた我が家の様子はと言えば、台所と囲炉裏場と四畳半程の居間であった。住居の東側に茅葺の家畜小屋が建てられ、山羊一頭、豚一頭が飼われていた。住居と家畜小屋の間は通路となり、中学校のスモモ園の入口となっていた。そして、我が家の開墾地は屋敷の西側にあり、畑には既に芋が植えられていた。その西側に雑木を切り払い、新たな開墾を拓いている途中であった。

雑木林を切り払い、ヤマダヒ（リュウキュウチク）と小さな雑木は根から切られ、根本も掘り起こされている。一方、大きな雑木は一メートル程の高さで切り倒されていた。そして、大きな雑木の切り株の周囲は掘り起こされ、そこに切り倒されたヤマダヒや小枝を積み上げてあった。しばらくして積み上げていたヤマダヒや小枝が枯れた頃、火をつけて焼き払ったのち、根本を揺さぶりながら掘り起し、大きな根を抜き取り耕していた。あまり根が大きく掘り起こせないものは無理をせずに残し、掘り起こされるまで数回、枯れ枝を集めて焼き払う事を繰り返し、少しずつ雑木林を拓いていった。

やがて開墾での生活は安定し、収穫される食糧としての芋も豊富となった。しかし、こうなると今度は米が欲しいとのことで、親戚が放置した湿田があるとのことで、米作りを始めることとなった。初めて見る田んぼは深いため、田んぼの泥の中に、大きな松の樹が沈められていた。もし、それを踏み外すと首程まで沈み込むような危険な所であった。緑肥として父が刈り取ったヤマダヒを、切口が足に刺さらないように田んぼの中にシニンク（すき込む）のは大変であった。

収穫した稲は、穂のついたまま父母が自宅まで担ぎ込み、米軍の払い下げ天幕を敷き、その上で脱穀をした。竹を一〇センチ程に二本切り、ピンセット状にし、二本の竹の間に稲穂を挟み、籾をこきおろすのである。今考えると千歯や脱穀器があれば簡単な作業も、夜鍋しながらせっせと続ける作業となった。脱穀した籾は、今度はウシ（松の木をくり貫いて作った臼）に入れアジミ（イスノキやモッコクで作った杵）でつき玄米、白米へと加工し、ようやく食卓に上るのであった。

（宮城）

5 消える里山

琉球列島の里山は、一九六〇年代以降、大きく姿を変えてしまい、今では古い写真や年配の方の記憶の中にその姿をとどめるばかりになってしまっている。

かつての里山の中で、人々は半ば自給自足的な生活を送っていた。すなわち、日常の暮らしに必要な品々の多くは、里山内で作り出されたり、見い出されたりしていた。そうした品々の中に、綱や縄がある。

農業という生業においては、さまざまな場面で綱や縄を利用する。市販の綱や縄を入手できなかった時代、人々は栽培植物や山野に自生している植物から、繊維分を取り、利用した。

沖縄島南部・仲村渠では、話者から繊維利用植物について、「このあたりでは野生のつるは使いません。つるがめったにないからです。このあたりには山がありませんから、つるらしいつるがないんですね」という話を聞き取った。これに対し、やんばる・奥では、さまざまな野生のつる植物を、そのつるの特性に応じて以下のように使い分けていた。

奥の野生つる植物の利用

(奥語)	和名	用途
ウクムニー		
ジベーガンダ	ハスノハカズラ	屋根瓦の下にひく竹を固定するのに使用
サジトガンダ	ヒョウタンカズラ	腐りにくい。山羊の首につける綱など
ウジルガンダ	ウジルカンダ	材木を山から引き出すときのロープ
トゥー	トウヅルモドキ	カゴの耳（取っ手）に使う
チルマチカンダ	カニクサ	シヌグという行事のときの冠にする

野生のつる植物が手に入らない沖縄島南部では、栽培植物や、家や畑の近くに植栽された植物から繊維を取り、利用していた。その中で最も利用されていたのは、シュロであった。耐水性のあるシュロの繊維で作られた縄は、牛の鼻綱にも使われていた。しかし、この話を話者に聞いたとき、驚きを覚えたことを覚えている。現在、沖縄島南部の集落周りを歩いても、シュロを見ることが全くないからだ。話者によると、「シュロは消えてしまいましたね。戦前は畑の周囲に植えてありましたよ。家の庭に植えた人もいましたね」ということだった。こうした話に触発され、その後、琉球列島の各島での聞き取りの際、シュロについての聞き取りも意識的に行うこととした。すると、多くの島で、かつてはシュロは普通に栽培されていたものの、現在は姿を消してし

ヒョウタンカズラ

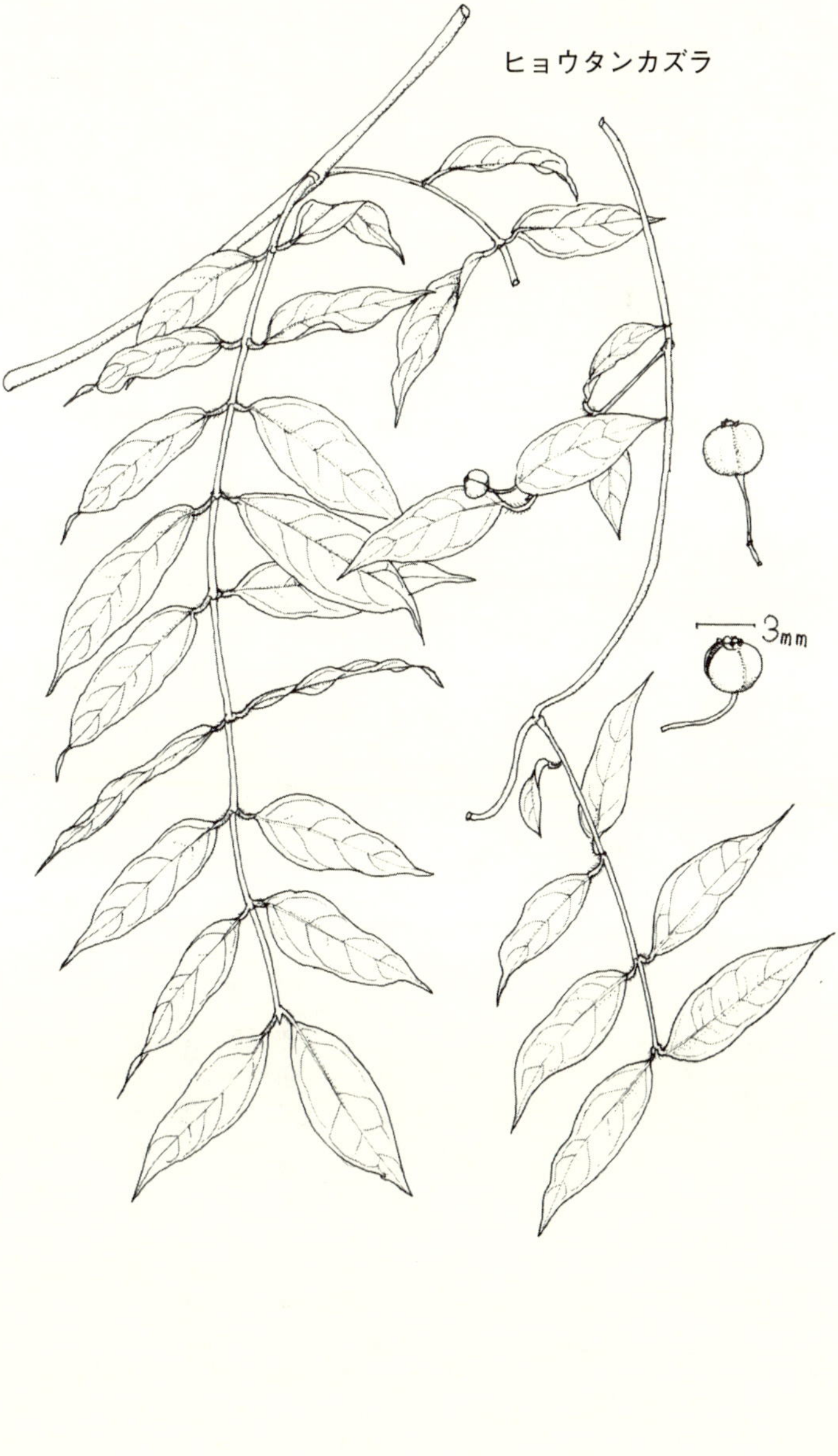

まったという話を聞き取ることになった。やんばる・奥においても同様で、かつて、シュロは各家庭に植えられていたが、今はほとんどその姿を残していない。

シュロのように、かつては琉球列島の里山の重要な構成要素であった植物が、現在は姿を消してしまっているという例がある。ソテツの場合も沖縄島南部などでは、人里からほとんど姿を消しており、かつての沖縄島南部の里山でもソテツが普通に見られたということは、年配の方から話を聞かない限り、頭に思い浮かばない（沖縄島南部では、戦中・戦後の混乱期にソテツが救荒食として徹底的に利用され、その後、再植栽されなかったという話を聞いた）。やんばるの自然も、時代とともに変化を受け続けているが、やんばるの人とかかわって作り上げられた自然は、それ以上といってもいいほど、大きな変動を受けたのである。

6 自然と文化の多様性

言語学者である大西正幸さんは、著作の中に「土地のコトバ、人々の暮らし、それを取り巻く生きものたちとの間の分かちがたい関係」という一文を書いている。この関係を生物文化多様性と呼ぶ場合もあるが、大西さんは、やんばる・奥をフィールドとした共同研究の際、生物文化多様性という言葉に代わって、「コトバー暮らしー生き物環」というあらたな用語を創出した（大西さんらの共同研究の成果は、『シークヮーサーの知恵　奥・やんばるの〝コトバー暮らしー生きもの環〟』という書名で発表されており、この本にはＱＲコードを介して、奥で使われている言語の音声を実際に聞くことができるという工夫も盛り込まれている）。

「コトバー暮らしー生き物環」という言葉は、すぐにはイメージがつかみにくいかもしれない。例として、魚毒漁を取り上げてみよう。

魚毒漁というのは、植物に含まれる成分を利用し、魚を麻痺させ、漁獲する漁法のことである。網や釣り針などが不要な漁法であるため、古くからみられ、また世界各地でみられる漁法である。ただし、環境への負荷が強いことから、現在の日本では一切認められていない過去の漁法でもある。

琉球列島の島々においての、植物利用の聞き書きにおいて、各島で、この魚毒漁の話を聞いた。島によって、使用する植物にも違いがあり、また使用目的や使用場所にも違いがみられた。現在までに、文献調査と聞き取り調査をあわせ、琉球列島からは合計二八種もの植物が魚毒として利用されていたことが分かっている。

魚毒漁について、きちんと見てみようと思ったのは、奥で聞き書きをするうちに、ブレーザサという聞きなれない言葉を耳にしたからだ。ウクムニー（奥の方言）では、ササとは魚毒のことを意味している。ブレーは「群れ」を意味している。つまり、ブレーザサとは、集落の多くの人が参加する集団魚毒漁のことを意味している。

ちなみに、魚毒を意味する言葉も、石垣島、白保では魚毒をスサといい、徳之島・母間ではコというように、島（集落）によって違いがある。さらに、同じやんばるに含まれる国頭村・奥と、大宜味村・田嘉里、名護市・底仁屋、では、魚毒漁にまつわる言葉には、以下のような違いがある。

奥

ブレーザサ　意味：海や川において集落全体で行われる集団魚毒漁

田嘉里

ナガレササ　意味：雨乞いの時に川で行われる集集落全体で行われる集団魚毒漁

底仁屋

ササワイン　意味：雨乞いのときに行われる魚毒漁

ササキジュン　意味：雨乞い以外の時に行われる魚毒漁

いずれも、魚毒を現す言葉は、ササと同一である。ただし、奥の場合は、集落全体で行う魚毒漁に特別な名称がつけられている。田嘉里の例は文献によるものなので、詳細は不明だが、日照りが続いた折に雨乞いとして行う集落全体の住民による集団魚毒漁に特別な名称がつけられている。また底仁屋では、雨乞いのときとそれ以外とで、魚毒漁の名称に違いがみられる。それは、いったいなぜだろうか。

まず、琉球列島全体を見渡しても、集落規模で一斉に魚毒漁を行っていた集落は、今のところ徳之島花徳、沖縄島奥、石垣島白保の事例しか聞き取れていない。このほかに文献上から沖縄島田嘉里でも集団魚毒漁がおこなわれていたことが報告されている。ここで確認しておきたいのは、「集団で行われる魚毒漁」自体が希少な例であるということである。奥の場合、ブレーザサが行われるのは、集落内を流れる奥川の場合と、隣接する楚洲集落に属する広いイノー（リーフと岸に囲まれた浅い海）との場合があった。川で行われる場合は、集落の住民を半分に分け、それぞれ川を上流と下流にわけて、それぞれで魚毒を流し、麻痺した魚を参加した各自が捕獲し、持ち帰った。また、海で行われる場合は、おどしとしてクロツグの葉を差し込んだ縄を満潮時にイノーを取り囲むようにしかけ、潮が引いたときに一斉に魚毒を投げ込んだ。この時の漁獲物は、アブシバレーと呼ばれる田植え後に行われる集落の行事の宴会の肴に供された。一方、徳之島・花徳での集団魚毒漁は、八月の一五日、年中行事のようなものとして、海のイノーでのみ行われたという。また石垣島・白保の場合は、旱魃の時のみ、雨乞いの儀式と関連し、川を舞台とした魚

海の魚毒漁
クロツグの葉を切り落し
ロープにさしこむ。海で
魚毒を使うとき、このロープ
で囲って、魚がロープの
外に逃げないようにする。

毒漁がおこなわれた。田嘉里でも雨乞いの魚毒漁がおこなわれたのは川であった。

以上の例から、集団魚毒漁だけを取り上げても、「祝祭的なもの⇕雨乞いとの関連行事」「海⇕川」という対立するファクターが存在することがわかる。

魚毒漁は、もともと効率のいい漁法とは言えない。植物に含まれる毒を利用するほとんどの場合、あまりに水量が多い水系や、開放的な水系では、毒の効きが悪い。そのため海では潮だまりがよく魚毒漁の漁場とされる。奥や花徳でイノーを舞台とした魚毒漁がおこなわれ、白保で行われなかったのは、集落近くのイノーが、ちょうどほどよい大きさ（開放系すぎず、集落全体の人員が魚毒漁をするには小さすぎず）であったからにほかならない。川の場合も同様で、小さすぎず、大きすぎずという川が隣接していなければ、川の集団魚毒漁を行うことができない。

白保の場合、集落に隣接する轟川が、魚毒漁を行うには、普段の水量が多すぎた。そのため、旱魃時のみ、魚毒漁がおこなわれた。同時にこのことは、魚毒漁自体を雨乞いと関連づけることにもつながる。白保のほか、底仁屋や田嘉里など他地域でも魚毒漁が雨乞いと関連づけられている例があるのは、このような理由があるからだろう（魚毒漁と雨乞いとの関連は、琉球列島の島に限らず、他地域からも報告されている）。

興味深いのは、奥の場合、川のブレーザサが行われるのは、旱魃時ではないということだ。奥川の場合、旱魃時には逆に水が少なすぎ、魚毒漁を行うと、水系の魚に強いダメージを与えてしまうことから、旱魃時の魚毒漁は忌避されたという。

このように、魚毒漁は、その集落周りのイノーや川の状態に左右され、そのことによって、集落ごとに魚毒漁に関する独自の文化が発達し、同時にその文化に関連した用語があったことが見えてくる。

奥の場合を例にすると、ブレーザサも含め、以下のような魚毒漁がおこなわれていた。

奥における魚毒漁

名称	場所	使用者	利用植物
ブレーザサ	川	集落全体	イジュ、デリス
ブレーザサ	海	集落全体	イジュ、デリス
ヒク漁＊1	海	グループ	イジュ
イノー公売＊2	海	グループ	イジュ、デリス
ウナギ捕り	川	個人	イジュ、デリス、サンゴジュ＊3
イヌジ捕り＊4	海	子供	タバコ
子供のあそび	海	子供＊5	ルリハコベ

＊1・初夏、イノーにおしよせるヒク（アイゴ類の稚魚）を捕るために使用
＊2・集落前の小さなイノーの占有権を、期間を決めて集落で個人やグループに公売し、その費用を区の会計に参入していた。
＊3・サンゴジュは川でのみ使用された
＊4・クサバ（ベラ類）のエサとなるイヌジ（タコの一種）を捕るために使用
＊5・釣りや泳ぎのできない低学年以下の子供があそびとして使用するもの

なお、このうち、川の魚毒漁で主な獲物となったのは、ウクムニーではハーウナジと呼ばれる、オオウナギである。元奥区長で、奥の歴史・文化について詳しい島田隆久さんの書かれたものによると、戦前、奥川で捕獲されたオオウナギには、三四斤（二一・四キロ）もの大物があったともいう。

こうした奥での多様な魚毒漁と対照的な例としては、低島で、島民が主に漁業に従事していた池間島の事例があげられる。池間島の場合、成人は魚毒漁などという非効率な漁法には関与しなかった。池間島の場合、魚毒漁を行ったのは漁に参加しない子供たちだけであった。使用したのは潮だまりで、使用した植物は、ルリハコベとシナガワハギだった。

以上のようにきわめてローカルな自然条件、そこで見られる生き物、その土地でのなりわいが

複合的に合わさり、自然利用の文化が生まれ、それに伴う独自の言葉が生み出され使用されてきた。こうした複雑な関係を、大西さんは「コトバ―暮らし―生き物環」という言葉にこめたのである。このような関係性の存在は、なにもやんばるに限る話ではない。しかし、豊かな自然を誇るやんばるにおいては、それと呼応するかたちで、自然と関わる豊かな文化が育まれた。それはまた、例えばウクムニーと呼ばれる奥の方言の中にも姿を現している。

コラム：ブレーザサの思い出

ある日、仁一兄さんに連れられウナジ（ウナギ）捕りに行った事がある。奥川を部落から一キロメートル程さかのぼったところに、通称ウプダーガー（大田川）と呼ばれている、落差の大きな滝がいくつも重なり、その下に大きな深い淵があるところがある。そこにはハーウナジ（オオウナギ）のほかにアユやミスー（ユゴイ）、ジクル（オオグチユゴイ）が棲息しているが、流れが速く危険な川として、普通はいかないところであった。ただ、仁一兄さんは泳ぎが得意で、川や海での漁も得意であった。仁一兄さんが、この場所でモリを使って仕留めたウナジは胴回り二〇センチを超す大物であった。持ち帰り、味噌炊きして食べたが、脂がのり大変おいしかった。

また、奥ではブレーザサと呼ばれる共同漁業が戦前から実施されていた。川で行われるブレーザサは戦後、一九五一年と五五年の二回おこなわれているが、僕は最後のブレーザサである五五年の八月に実施されたものに参加し、ターイユ（フナ）やミスー、ハーウナジ、タナガー（テナガエビ類）などを大量に捕った楽しい思い出がある。（宮城）

コラム：奥の海

奥領域の海は、集落北側のメーバマ（前浜）の東側に、アサチバマ、ウグバマ、チルバマと続き、西側にフーバマ、フパダチバマ、ユッピバマと続いている。海には浜だけでなく、リーフやイノー（リーフと岸との間に挟まれた浅い水深部のこと）、潮だまりがあり、かつては豊富な海産物を産し、それらが食料の足しになっていた。海で捕れた獲物の名をあげると、次のようになる。

ハチチ（シラヒゲウニ）、トットゥメーイナ（チョウセンサザエ）、アジゲー（ヒメジャコ類）、サンカクイナ（サラサバテイ）、ウシンナ（スイジガイ類）、ティラジャー（マガキガイ類）、モウモウイナ（タカラガイ類）、ドクブシ（アワビ類）、ミジンナ（アマガイ類）、スヌイ（モズク）、ナチョーダ（カイジンソウ）、ビル（ミル）、モーイ（イバラノリ）、クサビ（ベラ類）、イシンバイ（メバル類）、ピーピー（ヒメジ類）、ハーハガー（カワハギ類）、チヌマン（テングハギ）、イヤブチ（アオブダイ）、ガラ（ヒラアジ類）、タフ（タコ類）

メーバマでは、干潮時には子供たちはスヌイ、イナ、ハチチなどを獲り、時たまナギアミ（投網）で漁をする大人たちもいた。夏の夕方には小中学校の生徒たちが泳ぐ海水浴場で、日が暮れるとウッカー（大川）で水浴びしてから自宅に帰った。またアブシバレー（旧暦四月に行われる儀礼。畔払い）には、集落住民皆が集う楽しい集いの場でもあった。

奥は基本的に、農作業、山仕事の集落である。それでも時期になると、イノーヒクグミ（イノーで漁をする組）を編成したりした。また、旧暦の六月頃になると大潮に合わせてヒク（アイゴの稚魚）が大量にイノー（礁池）近くに押し寄せてくる。そのため、この頃になると、見張りを立てて、いざイノーにヒクの群れがやってきたとなると、それまで農作業をしていた人たちも、作業を放り出し、自宅に駆けつけ、準備していた網やササ（イジュの樹皮を乾かして粉末にした魚毒）を担いで、一目散にヒクを追いかけ海に入ることになる。大量に獲られたヒクは、塩漬けしてヒクガラス（アイゴの塩辛）にして保存し、残ったものは油揚げにしたり、マースニー（塩煮）したりして食べた。ヒクはユイムン（寄りもの。海の彼方からもたらされる恵みのこと）として、その恵みに感謝していた。

しかし、一九七二年の復帰前後に東西の海岸線近くの原野に農業団地や牧場が整備された。そこから流出する汚水で、奥の海は汚染され、生き物たちの命は失われ、砂浜もヘドロが漂う有様となってしまった。同時に、メーバマの護岸の外側に新しい護岸が整備され、砂浜や砂州もまた、ほとんど失われてしまった。

（宮城）

六章　やんばるの人々の暮らし

奥の猪垣

1 やんばるの人々の暮らし

前章で沖縄の里山についてみてみた。

やんばるには固有の生き物たちが暮らす森があるが、同時に古くから人々の生活が営まれてきており、それらの人々によって生み出された自然（里山）の姿もあった。本章では、さらに人々の暮らし自体に焦点を当ててみてみることにしたい。

典型的なやんばるの集落は、前を海、背後を山にした川の河口部の平坦地に、集落と田んぼが位置するというものだ。南島の海岸部には、サンゴ礁が発達し、リーフの内側のイノーと呼ばれる浅い海は魚や貝の供給源として利用された。しかし、海が身近にある割には、人々にとって、海は頻繁に利用されるものではなかったという。先に紹介したクニマサさんのコラムには、奥ではかつて、漁を専業としている人は、ハブ咬症のため足が不自由になり、農作業が不向きとなった一人だけであったという話が登場する。このような話の背景には、琉球王朝時代に税の拠源として農業を重視した政策が行われたことがあると考えられる。このことを裏付けるように、『日本における海洋民の総合研究　上巻』には、次のような記述がある。

「海をはなれて沖縄を語ることは出来ない。にもかかわらず、沖縄県民は、農民的性格が強く、海洋民的性格は弱かった。むしろ、海洋民的性格をもつ民衆は支配的ではなかった」

もともと沖縄県内において漁業を専門とする人々が居住しているのは、糸満など、きわめて限定された地域のみであった。クニマサさんの子ども時代には、奥に時折、そのような他地域の海人がやってきて魚の販売をおこなうことがあったという。

コラム：海人から魚を買った話

ある日、皆で連れ立って海を見に行こうということで、一〇人程のガキ大将たちがそろって小学校北側のメーバマにでかけていったことがある。浜に着くと、魚を満載した刳り舟が引き上げられていた。初めて見る魚の色や形に見入っていると、集まった人々が、屋号と名前を言って、各自、好きな魚をもらっているように僕には見えた。そこで僕も、メーウイアガリ・ヌ・クニー（前上東リの邦昌）と自分の家の屋号と自分の名前を帳簿に記入してもらい、魚を一匹選ぶことにした。ちなみに僕はこのとき、魚が売り物であり、帳面に名前を記入するのは、代金を後で支払うためであるということなど、知りもしなかった。

奥集落周辺略図

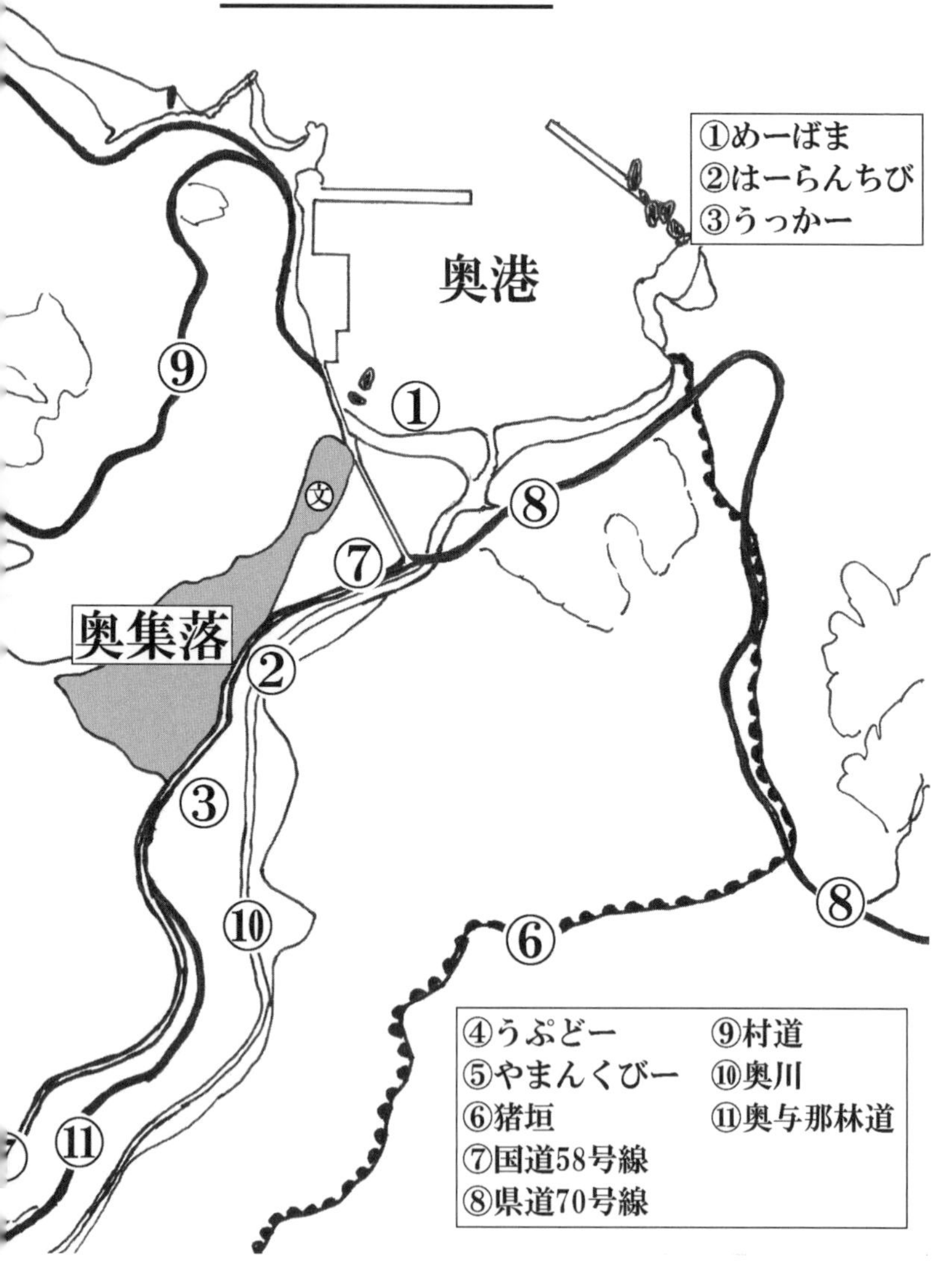
①めーばま
②はーらんちび
③うっかー
奥港
奥集落
文
④うぷどー
⑤やまんくびー
⑥猪垣
⑦国道58号線
⑧県道70号線
⑨村道
⑩奥川
⑪奥与那林道

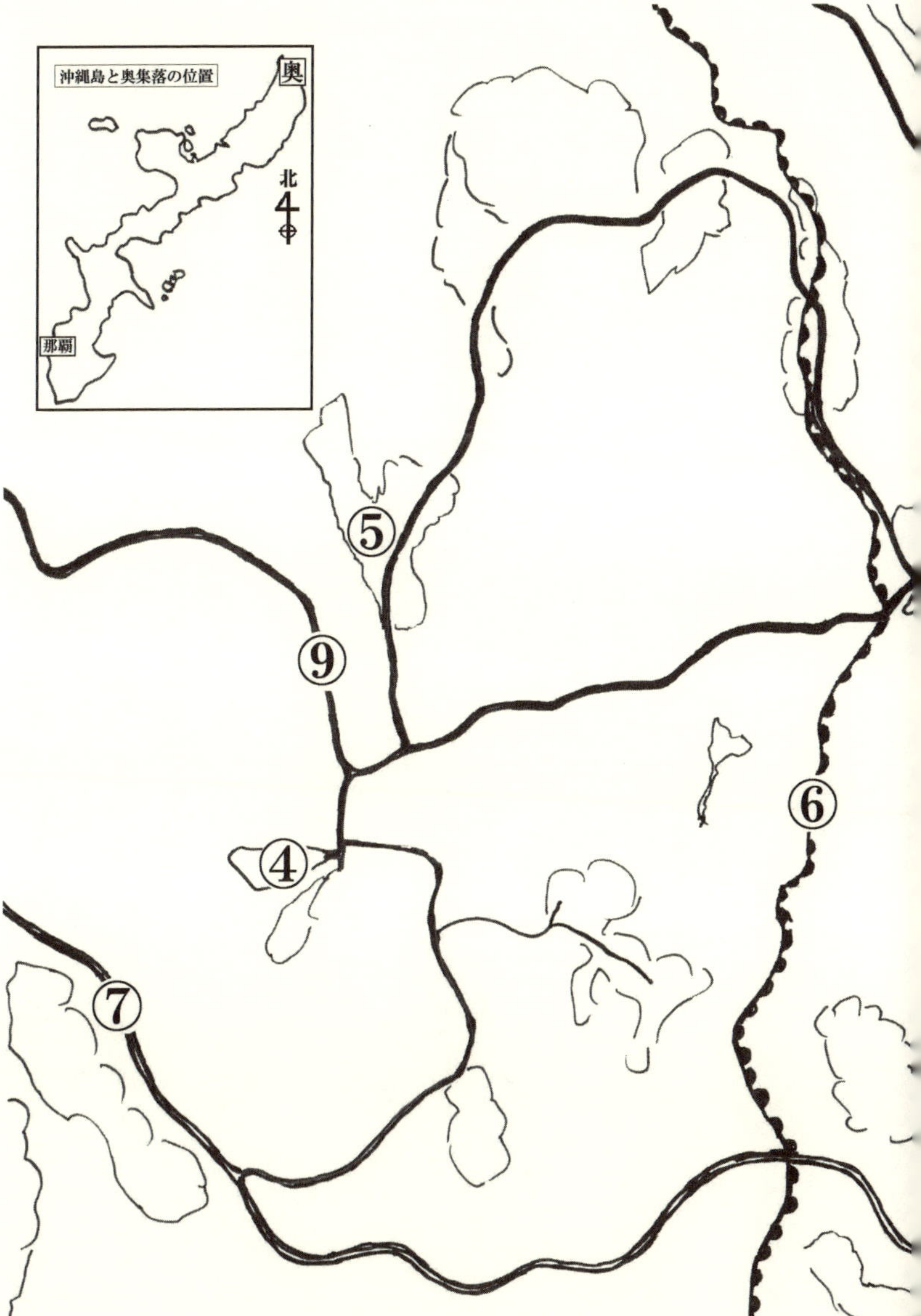
沖縄島と奥集落の位置
奥
北
那覇
⑤
⑨
④
⑥
⑦

僕が選んだのは、一番大きくて、全体にひらたくて、頭に角があり、鱗がざらざらし、尻尾の近くにナイフのように鋭い突起がある、面白い形をした魚（チヌマン＝テングハギの名は、家に持ち帰った後、母親に教えてもらった）である。漁師に口から鰓にかけて紐をとおしてもらったが、大きすぎたため、ひきずるようにして、家に持ち帰った。夕方仕事から帰った母に魚を見せ、海で貰ってきたと得意気に成果話をしたが、母は一言も言わずにその魚を炊いて、家族皆でたいらげた。

数日後、二人の漁師が隣近所にやってきて一軒一軒回り、魚の代金を集金していた。私は喜んで母親の所に案内したが、母は「金がないのでこの子供を代金として連れて行ってくれ」と言ったのにビックリ。私は、泣き出して祖母の家に逃げ隠れた。しばらくして母にどうしたのか聞くと、共同店から立替えてもらったので、あんたを連れて行かせないと言ったので、ようやく安心した。奥には漁師（海人）はいないので、他の集落から漁師が捕獲した魚介類を売りに来た。料金を共同店がまとめて支払い、現金収入があったとき清算する仕組みとなっていた。漁師たちは、奥の住民には安心して魚介類を掛け売りしていたのである。

（宮城）

2 稲作と芋と豚

前章でみたように、かつては、やんばるの各集落において稲作が行われていた。ただし、主食の座を占めていたのはサツマイモであった。

昔は、米の飯が食べられるのは、正月や盆、運動会、遠足、何かの行事などであった。運動会には、小豆を入れたニギリメシに、イカの塩辛を入れた豆腐やソーミンチャンプルーをおかずに持って行った。遠足には、芭蕉の葉に包んだご飯に油味噌だけのものだったが、そうした弁当を食べるのが何よりも楽しい時代であった。

その他の米の利用法としては、お粥や雑炊がある。「雑炊」は、米と水をだいたい同量入れ、その中に昆布・人参・ネギ・ニラ・たまにはカーカスー（乾燥魚）などのだしを入れ、味噌や醤油などで味付けして固く炊き上げたものである。「汁雑炊」なら、米をお粥状に炊き、これにヨモギ・ネギ・クダン草（フダンソウ）・カンダバー（サツマイモの葉）などを入れた。だしは、イリコやイカの塩漬けなどだった。また、子どもが生まれるとウバニメー（産飯）を炊いて出産を祝った。

稲刈りの時期には、田のない家や少ない家の子ども達は、刈り取った後や干した後などから落ちた穂を拾ったりもした。こうして少ない貴重な米をいろいろと工夫し料理した。稲のほかには、粟・麦・キビ、モロコシなどの穀物も少し栽培されていた。

（宮城）

コラム：芋のこと

本土よりあたたかな沖縄では、前年の一二月に稲の種をまき、三月下旬には田植えを行い、七月には収穫が行われた。二期作に米を作る場合は、八月下旬に田植えが行われるが、二期作に米ではなく、サツマイモを作ることもあった。この場合は、田んぼの水を落とし、畝を作り芋を植え付けた。このように裏作として芋を栽培することを奥ではタードーシ（田倒し）と呼んだ（タードーシが行えるのは水の落とせる乾田に限られており、湿田では二期作目も米が作られた）。タードーシで栽培された芋は一二月ごろに収穫されたが、でんぷんが糖化し、保存性が高かったという。

昔は芋が日常の主食だった。収穫した芋は、夕方、川でウムアレーマドヒ（イモ洗い用のかご）に入れ、その中に片足を突っ込んで、ごしごし洗って泥をおとした。翌朝は、大きな鍋で一日分の芋炊きをすることから一日が始まることになる。これは女性の仕事であった。芋はこうして水煮して食べるのが一般的であった。

芋には捨てるところがなく、葉は雑炊や和え物、みそ汁などに利用し、ウムガー（皮）や煮汁、葉、蔓なども家畜の飼料として利用した。

芋の皮をむき、水煮にして汁を抜き、それに豆や里芋、でんぷん、栗などを入れてシャモジで練りつぶし餅状にしたものを、ウムニー（芋練）と呼ぶ。これは主に夕食用に作った。多めに作って翌日までも食べたが、冷えると余計おいしかった。

また、ジューグヤー（旧八月一五日）や、タヒンネー（旧一一月に行われる芋の収穫にまつわる儀礼）などの節目にも、ジューグヤーウムニー、タヒンネーウムニーといって、ウムニーを作り豊作を祈願した。

芋の皮をむき煮る。煮汁は別に取っておき、練りつぶした芋に大豆、小豆などを入れ煮汁を加えて粥状にしたものはウムルー（芋粥）と呼ぶ。主に甘味のある台湾ウムやダナウムなどで作った。これも、翌日冷えると甘味が増して、かえっておいしかった。

ウムカシー（芋雑炊）と呼ばれる料理法もある。これはまず、芋の皮をむき煮る。このとき煮汁は別に取っておく。煮てから練った芋にネギ、ニラ、クダン草（フダンソウ）などの野菜を入れる。それにイリコ、イサーダシ（イカの塩漬け）などのだしを入れ、とっておいた煮汁を加えながら硬さを加減する。

芋からは酒を造ることもできた。これをウムミチ（芋神酒）という。皮をむいた芋をどろどろに煮て薄い粥状にして、これに生の芋を削って入れ、一晩ほどおいて発酵させる。甘味や酸味があり、今のヨーグルトの味に似ていた。夏には各家庭で作った。

今、山や畑に持っていく弁当といったら、ご飯に、様々なおかずが一緒になっているのが当たり前であるけれど、これは昔から見たら大変なご馳走だ。昔は山や畑仕事への弁当も芋で、おかずは漬けたニンニクやヒクガラス（アイゴの稚魚の塩辛）、野菜の炒め物ぐらいであった。

集落の先輩方の話を聞くと、大正の初め頃から学校に弁当を持っていくようになったという。これも芋である。放課後の授業がある五年生以上が弁当を持って行った。おかずは、塩辛やニンニクなどだったが、おかずのある人は少なかったという。

タードーシの芋の収穫の時期になると、田のない家や、田の少ない家の子ども達は、学校から帰ると鍬とカゴを持って、田にでかけ、芋を掘り取った後の見落としたものなどを拾って、食の足しや豚の餌などにした。

（宮城）

芋を主体とした食事は炭水化物に偏りがちで、たんぱく質を補うために、大豆食品（味噌、豆腐等）が多用されたのが、かつての沖縄の食事の特徴だった。また、海から得られた魚介も副食に供された。家畜として飼育されていた豚は、正月前につぶされ、正月料理に利用されたほか、肉や骨は塩漬けにされ利用された。一期作目の田植えはまだ気温の低い時期に行われるため、水にぬれての作業は体温が奪われ、重労働であったという。そうしたときに、正月につぶして塩漬けされた豚肉が疲労回復のために食卓にあげられたという。こうした食生活が送られていたことから、正月にあわせて豚をつぶすのは一大イベントであり、クニマサさんのコラムでも、さまざまな話がこのことに付随して語られている。

コラム：ソーガチワー（正月豚）をつぶす

奥部落では、正月のご馳走であるワーシシ（豚肉）を確保するために、ソウガチワー（正月豚）として約一年間育てた豚を、基本的には一軒で一頭、つぶす。ただし裕福な家庭では二年程養い、三〇〇斤（一八〇キロ）以上になった豚を一頭つぶすか、一年程育てた二〇〇斤（一二〇キロ）程の豚二頭をつぶしたりする。一方、ゆとりのない家庭は、二軒で一頭をつぶし、半分に分けたりした。ちなみに我家では半年ごとに目的を変えて豚を養っていた。最初の豚は現金収入用で、半年飼育したのちに売り払い、後半に養うのがソーガチワーで、これは一五〇斤（九〇キロ）まで育てつぶして食べたが、美味しい豚であった。ちなみに隣の家では、二年間育てた三〇〇斤ワーをつぶしていた。その隣の家のお婆さんは、我が家のワーシシのほうが美味しいといい、よく食べにきたが、僕らがそのお婆さん宅の三〇〇斤ワーの肉を食する事はなかった。三〇〇斤ワーの長所は、脂肪部分が厚くなることであった。

旧の十二月の末日（みそか）の前日をワークビービー（豚縛り日）と言う。ソーガチワー（正月豚）には朝からエサを与えず、夕方までには縛ってハーランチビヌイプ（川尻の砂州）に放置した。砂州に豚を放置するのは、餌を与えないためひもじくて泣き出す豚の声が聴きたくないことと、前日までに食べたものを糞として出させて、腸を処理する時の作業工程を楽にする目的があったと思われる。

十二月の末日、いわゆるみそかは、隣近所の大人たちが四から五軒でグループを組み、豚をつぶす段取りをする。そしてハーランチビに部落中の幼稚児から大人までが集まり、それぞれのソーガチワーをつぶし始めるのである。血抜きをして、蓄えていた稲わらをかぶせ火をつけ毛を焼き、包丁で残った毛をそり落とす。さらに川の中で皮についた焦げみや汚れをそり落とし、体表をきれいにしてから、内臓を取り出すのである。普通、豚をつぶす際は、湯をかけて毛をむしり取るが、奥のようにワーヤグン（豚を焼く）をしたほうが豚の肉がおいしいという。

焼くことで肉がちぢみ独特の香りも加わるからだ。

　豚の解体の作業工程は暗黙のもと分担されている。大人たちが解体を始めると、小学高学年から中学生は、取り出された腸の中に竹を突っ込み、腸の裏表をひっくり返し、腸の中の老廃物を洗い落とす作業をすることになる。幼稚園児から小学校低学年生は、祖父や祖母にこしらえてもらったパーギ（手持ちかご）を片手に、川の下流側に陣取り、流れてくる豚の肉片や脂肪分を拾いあうのである。僕も竹細工の得意な爺さんがいたので、僕用のパーギを作ってもらった。ただし、その作業中に、肉片をめがけてカラスの大群が上空から急降下して持ち去ろうとする。そのため、子供たち同士の拾いあいの競争だけでなく、カラスから獲物を護る戦いも繰り広げられることになる。こうして拾い集めた肉片や脂肪分は、自宅に持ち帰り、炒ってラードを作り、同時にアンダンカシ（油粕）を作るのに使われた。

　つぶした豚は、荷車に乗せたり、人力で担ぎ込まれたりして、それぞれの豚主宅に運び込まれる。準備していた戸板に乗せられた豚は、いよいよ解体される。解体前に茶を一杯飲むが、タチ（膵臓）は、とろ火で焼かれて塩が振られて、茶の足しに食べる習わしである。これは大人の分だけで、普通、子どもの分は残らない。解体が始まり、肉と骨が分離される。頭の皮を剝ぐ人、骨を細かく切り分ける人、肉を部位ごとに分類する人と分担して作業が進む。そして正月期間内に使う肉や骨を分類し、保存用の肉や骨は塩漬けにするために適当な大きさに切り分けていく。その頃には解体者の御駄賃とも言えるナビンクヮージル（豚汁）が出来上がるので、男仕事はそれで終了して、次の家の豚を解体しに去っていく。

ソーガチワーを解体する際、一家の長男（小学低学年の場合）の特権は、シバイブックル（膀胱）を貰えることだ。もらったシバイブックルは、木灰にまぶしてもみほぐして、竹の管をさして空気を吹き入れて膨らませてから乾燥させ、ボール代わりにして遊ぶのである。

男たちが去って行ったあとで、女性達の作業が始まる。まず、正月期間中に食べる肉や骨を炊く準備をする。はぎ取った豚の顔面と、耳、もも肉などは、大きく切り、湯がかれ、冷めた所をサギゾーキ（竹で編んで大きな籠）に入れてマヒチ（囲炉裏の上に設置された棚）に置いたり、ナハガマ（かまどの上に設置された棚。濡れた薪などを乾燥させるのに使う）に吊るしておく。また内臓や腸なども別の鍋で湯がかれる。四肢は、膝や肘から骨付きで切り分けられ、うす塩をまぶしてマヒチやナハガマに吊るして燻しておき、ナンカンスー（七日正月）の仏壇と、火の神へ供物としてワーンピサブニ（豚の足骨）料理用として保存する。

腸の周囲にたまっていた脂肪分と、肉に付いた脂肪分の多い所などからワーアンダ（豚油、ラード）をつくる。油は壺に入れ蓄え、料理に使う。また油をとった粕はアンダンカシとして保存し、料理のダシの足しにする。

肉や骨の保存が終了すると、女性達は年越し用のチーキ（チーイルチャー）を作る。これは、脂の多いばら肉、豚の血、チデークニ（ニンジン）、デークニ（大根）、クブ（昆布）、ミミグイ（きくらげ）などをごっちゃ混ぜに炒めた料理のことだ。チーキは大みそかの年越しから、正月明けて一日から四日頃まで、その都度、必要な分だけ分けて温め直して家族で食べ、また訪れた客にも供される。

　チーキのほかの正月料理としては、湯がいて保存していたチラガー（豚の面皮や耳）、チム（肝臓）、シンゾー（心臓）、マミ（腎臓）、プク（肺臓）、シバ（舌）、ウプゲー（胃袋）、ウプワタ（大腸）、イーワタ（小腸）、などを適当な量を切取り、フライパンで温めたものがある。腸は裏返して米糠や芭蕉の茎でもみ洗いし、臭みをとって炒め物や汁にした。汁には唐辛子やショウガなどを入れた。

　正月中にご馳走を食べすぎて、ワタブックイ（消化不良や下痢）を起こす場合がある。このときの特効薬として使われるのが豚の胆汁である。取り出された胆嚢は、囲炉裏の上に吊るしておき、ワタブックイした子供や客に胆嚢から胆汁を絞り、お湯や酒に薄めて飲ますのである。あの苦さを思い出すとギクッとする。

　ナンカンスー（七日正月）は、仏壇と火の神に、ワーンピサブニ（豚の足骨）で骨汁料理を作り、ご飯といっしょに供える。これは豚を殺して一週間目に行うことから、豚の供養の意味があるという言い伝えもある。豚足はマヒチ（囲炉裏の上の棚）に、うす塩をまぶして吊るしておく、これは半燻製となり、とても美味しいものである。

　また、頭皮や耳皮は人参やネギなどを入れて炒め物にして、旧の十六日の墓参りの重箱料理にした。この日、墓での祭りがすむと子供は子供同志で、サンデー（供物）を持ち寄って食べたりした。このことをドゥーチグンといった。また、大人は、同年会や、友人同志集まって、酒盛りをしたりして過ごした。

こうして正月につぶし、塩漬けにした肉は、四月ごろまで保存し、いろいろと利用した。

（宮城）

コラム：正月豚の尻尾

開墾で迎えた正月のこと。正月用に買い入れた子豚は、二〇〇斤程に丸々と育ち、食べごろとなっていた。開墾組と呼ばれた開墾に暮らしていた家族の中で、豚をつぶす順番が決まっていた。一番目につぶすのはヤマンクビー開墾組のオオサカヤー（大阪屋）、二番目はナンヨウヤー（南洋屋）、三番目はウブドー開墾組のテツヤー（鉄屋）と我家（浜吉屋）であった。父は事前にカヤ（リュウキュウチクの若葉）を刈り、乾燥させていたのを水汲み場所である小川に運んでいた。我が家が豚をつぶす番になった。我が家にオーサカヤーの宮城親信（一九〇五年生）オジー、ナンヨウヤーの宮城久勝（一九一三年生）ウンチュー、テツヤーの金城鉄（一九二一年生）ウンチュー、そして父・浜吉（一九一六年生）の四人が集まり、我家の黒豚を小屋から引っ張り出した。豚の四つの足をくくり、丸太棒を前足と後ろ足の間に差し入れて、棒と豚が十字になるような恰好で、二人で豚をつるした棒を担いで水汲場である小川へと去っていった。

　しばらくすると黒豚は毛が剃り落され、きれいな姿で担がれてきた。戸板を外してその上において、解体準備が始まった。その間に一人のおじさんが、一緒に持ち帰った内臓を入れたかごから、タチ（膵臓）を取り出し、塩を振って焼いて、解体作業まえにお茶を飲みながら待っていたほかの男たちの前に差し出した。この焼タチ料理は、解体する人たちのご褒美である。子どもである僕は、やっと二切れ食べさせてもらったが、大変おいしかった思い出がある。解体が始まり、肉と骨が分離され細かく切り刻んで、骨と肉別々のカメに塩漬けされ保管された。その作業の間に、一人のおじさんが、母と一緒に、細かく切った肉片と野菜を炊きはじめた。豚を潰す人たちの腹ごしらえのナビンクヮーと呼ばれる料理である。出来上がった料理を前に、父が僕に、「どこが食べたいか?」と聞いてきた。鍋の中に、たまたま豚の尻尾が炊かれていた。そこで、すかさず尻尾がたべたいと僕は答えた。

　貰った尻尾を食べていたのだが、豚の尻尾は、じつは脂分が多い。しばらくすると脂が多すぎて、もうそれ以上、食べられなくなってしまった。そこで、その場を離れ山羊小屋の後ろに尻尾を投げ捨てることにした。座に戻ると、父が尻尾を食べ終えたのかと聞くので、私は「ミンナカダンドー、ジコーナーマサータン（みんな食べた、大変美味しかった）」というと、父は「マカビスナ、アッポーナーヌルー、フントゥペークカムルパジヤネーン、ダーンカイヒッチティ（うそつくな、あんなに大きな尻尾、こんなに早く、食べるはずがない、どこに捨てたのか)」と怒鳴ったので、白状することになった。父は「フンバカムンヤ(この馬鹿者は)」と言いながら竹やぶに行き、僕の捨てた尻尾を拾ってきて、また、鍋にもどした。

これ以来、僕は、豚の尻尾料理に見向きもしなかった。が、最近先輩達の家を訪ねるとそこで尻尾料理が出されるので、やむなく口にしてみた。すると、当時とは違った美味しい料理ではないか。今では豚の尻尾料理は、僕の好物の一つとなっている。

(宮城)

3 山仕事

一八八一(明治一四)年、第二代の沖縄県令に赴任した上杉茂憲が県内各地を視察した記録が残されている。やんばる最北の奥にまで当時の山中の細道をたどって視察に訪れているが、記録にはその道のりの過程を「極メテ嶮、極メテ峻」「嶮甚シ、峻甚シ」と表現している。この記録によれば、当時の奥集落の戸数は九〇戸、水田は多かったが、住人によれば瘦田が多いということであった。また、集落からの輸出物では何が多いか?と県令が質問をしたところ、住民からは

「薪ノミ」という答えを得たことと、その出荷も一年にわずかに三回ほど船で那覇に搬出するのみであるという返答があったことが記されている。やんばるでは、このように田畑の生産物に加えて、林産物が暮らしの柱をなすものだった。

林産物は大きく分けると、次のように分類できるだろう。

・建材、素材……材木や竹
・燃料用……薪、炭
・チップ用
・その他生産物……藍（リュウキュウアイ）、樟脳（クスノキ）、シイタケ等

例えば、建材、素材としての材の産出については、琉球王朝時代は杣山制度という利用規制の制度があった。

琉球王朝は王府の建築物や中国との交易船建造のために、大径木を必要とした。こうした有用樹、大径木の確保のために、王府専用材生産琳として、杣山が指定され、厳格な利用規制が行われていた。この制度を策定、推し進めたのは一八世紀中ごろの王府の三司官と呼ばれる最高位の行政者であった蔡温であった。杣山制度によって、島という人為の影響によって森林がたやすく劣化しやすい環境のもとでも、まとまった森林が維持されたと考えられる。ただし、一八七九年の琉球処分以来、杣山制度は崩壊し、琉球処分の結果、無職となった王府の士族の授産の方策と

して杣山が払い下げられたことなどから、やんばるの森林は急速に劣化した。

ちなみに、人為によって森林環境が極度に劣化した島の例として、グアムをあげることができる。手軽な海外旅行大半の地域として有名なグアムは、多くの観光客がタモン湾などの限られたビーチ一帯しか訪れないため、その実態はあまり知られていないかもしれない。レンタカーを借りて島をまわればすぐにわかるように、島の大半の森林は消失し草原化している。

日本本土でも、身近な森に原生林はない。身近な森として目に留まるのは、薪や炭を得るために定期的な伐採が繰り返されることで形成された雑木林や、一九六〇年代以降の燃料革命によって薪炭が不要になったのち、雑木林に代わって急増したスギやヒノキの植林地である。

やんばるにおいても、シイを主体とした森が主体となっているものの、植林地もまた見ることができる。やんばるにおいては、時代を通して、最も一般的な造林樹種はリュウキュウマツであった。マツの大径木から得られた材は、船の用材としてすぐれていたからである。ただし、マツの場合、シロアリの害を受けやすいのが欠点で、建築材としては好まれなかった。沖縄の場合、建築材として木材を利用する場合、シロアリへの耐久性が必須とされ、伝統的には材のシロアリ抵抗性の高いイヌマキやモッコク、イジュが建材として重宝された（モッコクやイジュの場合、魚毒としても利用できる成分が含まれている。この成分がシロアリへの抵抗性も生み出している）。クスノキは建材だけでなく、明治から昭和初期にかけては、樟脳生産のためにも植林され、三章でも少しふれたが、いまでもやんばるの森を歩いていると、クスノキのまとまった林分を見ることができる。一方、スギも一時、盛んに植林されたことがあり、やんばるの沢沿いなどでスギの植林地を見かけることがあるが、成長は芳しくない。

また、やんばるの山の尾根部など、乾燥したところでは、リュウキュウチクの群落を見ることがある。このリュウキュウチクは、かつてやんばるでは屋根を葺く材料として、ワラやススキのように利用された。また棹はまとめて都市部などにも出荷されていた。

コラム：竹を売って得たグルクンの思い出

開墾での生活の頃の話。開墾での生活も安定し、収穫される食糧としての芋は豊富であったが、時には現金を得て米や麵類を食べたくなった。ダヒヤマク（竹山工。山からリュウキュウチクを切り出すこと。直径一五ミリほどのリュウキュウチクを長さ二メートルほどに揃え、直径三〇センチほどの束を二つ作り、女性が搬出した。これを共同店が買い取り、建築用材として出荷した）の出荷の情報を得た母は、山からヤマダヒ（リュウキュウチク）を採り、これを売り、お土産として四匹のジューマー（一般にはグルクンと呼ばれ、から揚げにされて食されることの多い魚。和名はタカサゴ）を持ち帰った。母が鱗を剝すとき、尾の方から頭の方へ、包丁をあてて鱗を落としていくと、鱗がはがれると同時に体の模様が消えて見えるが、頭の方から尾の方へ包丁を撫でつけると、体の模様が元に戻るのが不思議で、そのさまに見入っていた。これが魚についての僕の初めての記憶である。母がどのような料理をこしらえてくれたかは記憶にない。もちろん味の記憶もない。が、包丁さばきによって、魚の模様が消えたり現れたりするという、不思議な現象のみを記憶している。

（宮城）

林産物のうち、薪は自家用として使われるとともに、上杉県令の記録にもあるように販売用として都市部に出荷され、やんばるに居住する人々にとっての貴重な現金収入源となった。奥では、販売用の薪はサバターと呼ばれていた。長さ一尺五寸（約五〇センチ）、円周も同一尺五寸の薪の束を作り出荷していた。ただし、本土同様、一九六〇年代以降、薪の使用が石油やガスに置き換わるとともに、薪の生産は中止される。

なお、奥では自家用として、季節になると、冬季、囲炉裏にくべる薪を家族で山から集めていた。沖縄島に囲炉裏があり、それにくべる薪を集めていたという話を聞くと、驚かれる読者の方もいるのではないだろうかと思う。南島の沖縄でも、冬は冷たい北東風が吹く。かつての家屋は隙間も多く、また衣服も十分ではなかったことから、沖縄であっても囲炉裏は欠かせないものであったのだ。

コラム：囲炉裏と冬の寒さ

僕は小学校のころは、寒さに弱かったように思う。皆が楽しそうに走り回っているのを見て、何が楽しいのか理解できずに、ガタガタと歯ぎしりをしながら震えていたのである。

それでも十一月ごろから、夕方になると囲炉裏に火がともされ、暖を得ることができるので、早く夜にならないかと考えていたものだ。

沖縄といえども、冬場になると北から北東の季節風が吹き出し、寒くなる。奥は地形的に湾口が北東側に開いているため、直接、海から集落に強い風が吹き込むことになる。学校へ向かう通学路も、時により、飛ばされそうになるほど冷たく強い風にさらされることになった。そのため、少し遠回りになっても、集落内の防風林のある、風の当たらない小道を歩いて通学した。

奥のかつての平均的な住居の構造は、建坪九～一二坪（三〇～四〇平方メートル）程度であった。部屋数は四つで、ウチバシ（一番座、床の間のある部屋）、ナハダー（二番座、仏間のある部屋）、ナハユハ（三番座、一番座の裏）、ウラザ（四番座とは言わない、一番座の裏）で構成され、トーグラ（台所）が付属している。このうち、ナハユハにジル（囲炉裏）があった。

僕が奥で一番寒い体験をしたのは一九六三年の寒波のときである。中学二年の一月のことで、全国的に大寒波が襲来し、死者二二八人を含む災害をもたらし「昭和三八年一月豪雪」と命名され、気象災害史にその名を残している。

当時の奥中学校は海抜二二〇メートルの山の上にあった（現在は琉球大学の「奥の山荘」となっている）。中学校は、琉球気象台（現沖縄気象台）の委託を受け、区内気象観測（現在のアメダス＝地域気象観測所の前進）が行われていて、その記録が「奥区内気象観測原簿」として沖縄気象台に残されている。

それによると奥の一九六三年一月の平均気温は一〇・一度。アラレが降ったのは二五日（九時の気温七・六度）と二六日（九時の気温七・二度）。一月二八日には最低気温三・九度（九時の気温九・六度）を記録している（この日は、アラレは降ってない）。この三・九度は、奥で観測された気温の極値となった。大寒波が襲来した一月にタードーシに芋を堀に行ったら、アラレのため芋の葉は黒く枯れ、土のなかには五ミリほどの霜柱が光っていた。また、湿田の淀みでは氷が張っていたのを見かけた。

この寒波の影響で、県内各地でもアラレが降ったり氷が張ったりした。また魚が凍死しただけでなく、中城城跡公園で飼育されていたインドゾウ（上野動物園の花子の娘で、一九五九年に五〇万B円で買われてきた六歳の子象）もこのとき死んだりと、大きな影響が出た。

奥の部落は、三方を山に囲まれた盆地状になっている。奥では、冬場の晴れた日は、アラシヌウリーンドウと言っていた。これは晴れた夜、放射冷却で温度が急激に下がっていく様を表現したウクムニー（奥の方言）である。このような言葉があるように、奥部落は、地理的・地形的に他の部落と比較して寒い所である。そのために豊富な林産物である薪を焚いて暖をとるジル（囲炉裏）が各家庭に設置され、夏場は蓋をしてその上に鍋を置き食事の場とし、冬場は暖をとりながら鍋を温めながら食事をする場所としていた。

奥では一〇月頃から冬支度としての薪採りがはじまった。このとき、暖をとるためのジルで使う薪と、炊事用として台所で使う薪は、分けて確保しておく。また山仕事の際、木炭運搬作業のお土産として木炭の切れ端（タンガシラー）が持ち帰られたが、これはジル用の薪として、貴重なものであった。

ジル用の薪は、直径二〇センチ程までの丸太を六〇センチ程の長さにそろえたものである。シイなどの硬い木が、火力が強く、煙も少ないので、薪としては喜ばれる。その一方で、クルボー（ナカハラクロキ）は乾燥させても煙だけ出して、炎を出して燃えずに灰をかぶるため、暖を取る場合は迷惑な薪だが、寝る前に一本をくべておくと、翌日まで灰の中で火がくすぶっているので、火種用として重宝された。

炊事用の薪は、直径五センチ程に、太いものは割って太さを整え、長さも五〇～六〇センチにそろえて、使いやすい大きさにした。保存場所は、ジル用、炊事用、両方とも軒下の外柱と壁の間であった。

ジルの上にはマヒチと呼ばれる棚があった。そこは、年間を通して食べ物の残り物を籠にいれて保存する場所である。が、正月豚を潰したあと二週間程の間は、ジルの上に塩をまぶした豚の足を吊るして半燻製にした。この豚の足を食べるのが、七日正月とか一四日正月と呼ばれる行事であり、半燻製にされた足は、香ばしくて大変美味しいご馳走となる。また、マヒチにはもう一つの大事な役目がある。先にも紹介したが、マヒチには豚の胆嚢が吊るされていて、ワタブックイ（豚料理を食べ過ぎて、消化不良などでおこす下痢など）をしたりしたとき、それから胆汁をしぼり、子供にはお湯で薄めたものを飲ますと、下痢が止まるのである。大人は胆汁を泡盛にいれて飲み、食べ過ぎて弱った胃腸を整えていた。

また、台所の上にはナハガマと呼ばれる棚があり、濡れた薪や、乾ききってない薪を、その棚に置き乾燥させていた。ナハガマには年間を通じて、塩を入れた籠が吊るされているが、季節によると時たま、イカに塩をまぶしカマジー（南京袋）で包み、食用として保存していた。

当時は、電球も各家庭に一個しか配置されてなく、基本的には一番座と二番座の間にぶら下げられており、三番座はジルがあるため、薪による明かりでの生活であった。そのため三番座でよなべをする時は、石油ランプを灯すこともあった。

また、ジルは冬場の大潮のとき、お婆さんたちがユルウミ（夜海、イザリ）に行き、明け方に帰ってきてから、冷えた体を温める場でもあった。そして、産後の母親たちが痛む腰を温め、痛みを和らげる（このことをクヮーナシガマという）場でもあった。

（宮城）

一方、やんばるでは、炭の生産が始まったのは意外に遅い。奥の場合では、一九一六〜一七（大正五〜六）年ごろに四国から技術指導をする人が訪れてのち、生産されるようになったという。この炭も、薪の使用が見られなくなるのとほぼ同時に生産がおこなわれなくなる。また、沖縄の都市生活者からの聞き取りによれば、生産された炭の利用として、冬季、暖を取るために火鉢で使用されたという。

コラム：父と炭焼き

父は、学校も卒業しないうちから南洋に渡り、海の仕事をしたとのことであるが、奉公先の計らいで、仕事させるには背が小さかったため、実際には子守をさせられたということだった。従って、父は畑仕事も山仕事も要領よくできないと、母からいつも愚痴られていた。

父は一時、那覇に出稼ぎに出ていた。しかし、これも結局、思うままに給金をもらうことができず、結局奥に戻って、その当時盛んだった炭焼きを始めることを思い立った。ただ、父にとっての初めての山仕事、それも炭焼きである。母は反対だった。ところが、母の反対を父は受け入れず、ヤマンクビー開墾のナンヨウヤー（南洋屋）の西側を流れるユッピガー上流で木炭窯を作り、木炭を生産することを始めた。僕がヤマンクビーに初めて行ったのは、父が炭焼きを始めた時のことだ。ある日、自宅にいても昼飯がなかったので、母の後を追いかけて、炭焼きがおこなわれていた場所まで行った。子どもだった僕にはやることがないので、大人たちが炭焼窯を作り、窯に屋根を葺き、窯に火を入れるまでの間、一人で窯の近くの小川で、カニやカエルと遊んでいた事を思い出す。

炭焼窯は火をつけてから一週間程で、中の材が木炭に変わる。窯の火を引く瞬間は、窯の煙突から出る煙の色が水分を含んだ白色から、乾いたたばこの煙の色に変わった瞬間が勝負と言われる。この時を見計らって、炭窯の入口の薪口の火を引き、薪口と煙突を素早く土で覆って密封するのである。その作業が早くても遅くても、木炭の生産量に大きく作用するのである。

窯の火を引く作業をする日がやってきた、梅雨の時期で朝から小雨が降っている日であった。父は「ハマトミーガイクンドー（木炭窯の火を止め薪口と煙突を土で覆い密封する作業に行くよ)」と言い、早めの朝食を済ませて出かけて行った。雨は昼過ぎから大降りとなり、稲光は林立し、雷は鳴り続ける悪天候となった。帰りが遅い父を心配し、母は二〇〇メートル離れた同じ開墾組の一家族であるテツヤー(鉄屋)に行き、主の鉄ウンチュウーにヤマンクビーまで行き様子を見てきてほしいと、お願いしたのだった。ところが鉄ウンチュウー曰く、「久し振りにヤマンクビーへ行ったのだ。雨が降ってヤマンクビー組も仕事ができないので、一緒に酒でも飲んでいるんだろう、もうすぐ帰るから心配ないよ」とあしらうのみであった。それでも心配だからと、何回も頼み込み、とうとう了解してもらい、様子を見に行ってもらえることになった。鉄ウンチュウーは雷が鳴っているので、子どもたちを迎えに行って、テツヤーで待っているようにと言い、出かけて行った。そこで母は私と妹を迎えに帰り、妹を背負い、僕の手を引き、横殴りの大雨と稲光と雷の中を、テツヤーまでたどり着いたのだった。僕たちは久し振りだからと、テツヤーの長男定之(一九四八年生)妹千賀子(一九五〇年生)たちとじゃれあっているところに、オーサカヤー(大阪屋)のおじさんがタンガシラー(木炭の残り物)を抱えて、雨の中をテツヤーにやってきて、「スグピートーチ、ヤーアチヤーシ(すぐに火を焚き、部屋を暖めよ)」と言いのこして、引き返して行った。

それからしばらくすると鉄ウンチュウーに背負られ、濡らさないようにカッパをかぶせられた父が戻ってきた。父は、真白くなり冷たくなっていた。様子を聞くと窯を止める準備をしていたところ、木炭窯が土砂崩れに遭い、押し流され背中から土砂に飲込まれ、首から上が露出していたのだという。顔が上を向いていたら雨の強さで呼吸困難となり死んでいた所だが、幸い下を向いていたために生きていたということだった。少し遅れたら助からなかった……ともいわれた。

父に声をかけても返事はなかった。それでも囲炉裏の火で温めながら、皆が交代で父の体をさすっているうちに体も暖まり、呼吸も取り戻したようだったが、それでも父は自分では動けなかった。

皆で、一晩看病したのち、大事を取って、翌日、天気の回復を待って部落の診療所に搬送することになった。診療所で治療を受け、一週間ほどで健康を取り戻したが、結局、炭焼窯は一円の収入もなく、借金を残したまま放置されることとなった。

母は生前、梅雨期の小満・芒種の頃になると、毎年のように父の命を救ってくれた開墾組の皆に感謝するとともに、「ボウシュアミヤヒーヒキリヨー（芒種の頃の雨は注意せよ）」と口癖のように言っていた。当時の木炭窯造りの様子は、私の脳裏に鮮明に焼き付いている。現場を確認したいと思っているが、未だに実現してない。

（宮城）

また、奥では林業との関わりで、かつては材や薪炭を運ぶための牛が多く飼育されていた（ただし馬が導入されたのは第二次大戦後のこと)。

　奥で馬を食べたのは幼稚園に入ったころで、そのころは奥では林業が盛んで馬もたくさんいた。ある日、一頭の馬が山で、崖から落ちて大けがをし、治療をしても回復しないと判断された。そこでハーランチビヌイプで、ハンマーを持ったおじさんが、馬の頭をたたき脳震盪を起こさせ、倒れたところ、首を落とし、皮をはいで解体したのだった。僕の伯母が人夫たちの炊き出しをしていたので、夕方呼ばれて馬汁を食べたが、硬くて歯が立たず、おいしい肉とは思えなかった。

(宮城)

4 イノシシとの闘い

　やんばるの人々は山の恵みを得て暮らしていたわけであるが、山のもたらすものは、恵みだけではなかった。その一つの例がイノシシによる獣害である。特に主食として利用されていたサツマイモはイノシシに好まれた。このため、集落にもよるが、集落と周囲の耕作地を囲むように石などで垣根を構築し（猪垣）、イノシシの侵入を防ぐことが行われた。ただし、集落とその周囲の耕作地を囲むというのは、実際にはかなりの労力を伴うものとなり、構築後も恒常的な補修作業が必要となる。奥には、ウーガチと呼ばれる全長九キロメートルにものぼる猪垣がある。当時の集落の人にとっては、生活の場が、猪垣の内と外とに大きく二分されていたということになる。クニマサさんのコラムにたびたび登場する開墾という言葉は、この猪垣の外側の山林部分を開拓し、耕作地や居住地にあてるということを意味している。

奥のウーガチ（猪垣）は一九〇三（明治三六）年に構築された。ウーガチの管理については集落の規則で厳しく定められていた。ウーガチには、部分ごとにハチヌシ（垣主：垣の責任分担者）が決められていて、もし分担部分の垣根が何らかの理由で崩壊した場合、三日以内にハチヌシが補修すること（それができない場合は集落で補修し、その補修費をハチヌシに請求すること）が定められていた。また、ウーガチ内にイノシシが侵入した場合に備えて、集落ではインビキ（犬引き）と呼ばれる、犬を使ってイノシシを捕殺する係が決められていた。侵入したイノシシがとらえられた場合は、その肉は集落の人々に無償で提供された。

このような猪垣も、集落から都市部へ人口が流出するにつれて維持が難しくなり、一九五九（昭和三四）年に集落の総会で放棄することが決定される。これは、薪や炭の生産の中止や、魚毒利用の消滅、田んぼから畑への転作の時期と、ほぼ時期を同一にしている出来事である。ただ、猪垣は放棄されたのち、現在も奥の山中（現在は木が茂った山の中に見えるが、かつてはその内側は集落の耕作利用地であったわけであるが）に遺構として残されている。また、復元模型なら、奥集落に入ってすぐの資料館の中で展示を見ることができる。

猪垣は、先に書いたように集落を取り囲むように構築された。その集落外に作られた開墾では、それぞれの開墾ごとにイノシシ防除の工夫が必要とされ、中にはクニマサさんのコラムにあるように、仕掛銃が設置される場合もあった。

コラム：奥の猪垣

奥のイノシシ垣の歴史は構築から百十三年と浅い、奥は三方を山に囲まれた狭隘な土地にあり、奥川河口の西側の川床に集落を開いている。奥川流域の狭い平坦地に水田を開き稲を植え、三方の山裾には段畑を拓き芋などを植え、食糧生産を行っていた。しかし、イノシシの被害が大きく食糧事情は豊かではなかった。そのため畑主は、自分の畑を囲みイノシシ対策をしていたが、効果はなかったようである。

そこで、糸満盛邦翁（奥共同店創設者）が一九〇三年に共同猪垣を提案し、住民の賛同を得て構築されたのが集落を囲む猪垣であった（この時の総延長は六キロメートル）。奥では猪垣のことを「ハチ」とか「ハチバー」と呼ぶが、特に共同猪垣は「大きな猪垣」という意味で、ウーガチ（大垣）と呼んでいる。

ウーガチの構築は成功し、食糧確保が安定したことにより、人口も増えた。さらに三年後の一九〇六年には、糸満盛邦翁の提案であらたに、区の住民の出資による共同店が創設されることになる（この共同店システムは以後、県内各地に広がって行く）。また、ウーガチも総延長が九キロメートルへと、さらに延長されていく。

猪垣を管理するため、補修の責任分担者も決められた。これにあたり、区で、個人所有の畑の面積や、猪垣の設置されている場所の地形などを考慮して、割り当てる猪垣の長さを決めることになった。その結果、垣数一、二一〇と垣主二一五軒を綴った「ウーガチ台帳」が作成され、また管理規則も制定され、猪垣は厳重に管理されることになった。同時に自然災害などでイノシシ垣が崩れ、そこからイノシシが侵入した場合の対応策として、猟犬を使って猪捕獲をする担当者も置いた。それをインビキ（犬引き）と言っていた。

僕の、小学校のころは、厳しく猪垣が管理されていた時代であった。また、薪取りや木炭俵を作るグヒチ（長く伸びたススキ）を採りに行ったり、ギマ（ギーマ）を食べに行ったり、草刈りに行くための通り道が猪垣に沿って作られた管理道であった。

ところが一九五五年頃になると、石油・ガスなどが普及しはじめ、林産物の搬出が少なくなってきてしまった。奥での暮らしに見切りをつけ、現金を求めて都市部へ移住する人々も増え始めた。こうした中、一九五九年五月一〇日の区の常会で、猪垣の個人管理の廃止が決まり、インビキも一九六一年五月四日の役員会で廃止が決まった。

僕は高校進学時に、奥を後にすることになる。僕の中学時代、垣の管理は個人から区事務所管理へと移り変わっていた。行事とか学校の帰りに、イノシシ罠をかけに、よく猪垣をまわったものだ。法面のウジミチ（イノシシ侵入道）を見極めて、ワイヤーを使った捕獲罠を仕掛けるのである。しかし、罠をかけても見回る時間がなく、しばらくして現場へ行くと、イノシシはすでに白骨化していたので頸骨の一つを持帰り、皆に捕れたことを自慢したものである。

戦後、奥が林産物の扱いでにぎわったのは一九五一年から一九六三年頃までだった。沖縄が日本復帰した一九七二年に、共同店での林産物扱いも終了する。これと同時に、過疎化もさらに進行し、人々の山との関わりもなくなり、段畑も放置されるにまかされた。僕も高校卒業後、気象台へ就職したので、奥を離れた生活をすることになる。

（宮城）

コラム：イノシシサミット

一九九五年に、二〇世紀最後の「亥年」と銘打ち、奥で第一回イノシシサミットが開催されることを知り、参加することにした。三一年振りに見た故郷奥の景色は、子ども時代に見慣れたそれと、大きく変化していた。奥川沿いの豊かな水田、三方の山裾にあった段畑、そして段畑の上に林界との間を通っていた猪垣の風景は眼前に無く、代わりに目の前には深い森に覆われた山が目に入った。ところが、サミットの最中、一見、森へと戻った山に設定された見学コースをたどってみると、そこには猪垣が、ほぼ原形のまま残っていたので感動したのである。

それから一二年経た二〇〇七年冬、第二回イノシシサミットが西表島で開催された。僕は当時、石垣島の気象台に勤務していたので、サミットに参加するため西表島へ向かった。そこで奥出身の島田隆久先輩に出会ったのである。そのとき島田先輩は、僕に向かい、「君が退職してやるべきことがある」として、「ウーガチ台帳」と「奥の地名」の整理の話をうかがったのである（「奥の地名」は別項で説明をしたいが、奥の別の先輩が書き残した、奥の地名についてのメモのことだ）。

二〇〇八年四月。気象台を退職した僕は、久し振りに奥へと赴き、そこで島田先輩に再会した。島田先輩からは、あらためて「ウーガチ台帳」と「奥の地名」の清書を依頼され、それぞれの現地調査の必要性も説明を受けた。以来、猪垣と地名とを軸にしての、あらたな「僕と奥との関わり」が続いている。

（宮城）

コラム：シシ垣ネットワーク

イノシシネットワークだけでなく、シシ垣ネットワークなる集まりもまた、ある。

二〇〇八年に滋賀県で第一回シシ垣サミットが開催され、「シシ垣には獣害に対処した農民の生活史が深く刻まれている。地域の財産としてきわめて貴重である。歴史的・文化的に貴重であるとともに、地域の子供たちの郷土学習、総合学習、環境学の教材にもなる（高橋二〇一三）。」ことが参加者によって確認された。その後、二〇一六年には第九回シシ垣サミットが開催されるまでに至っている（西表島で開催される予定）。

僕は、第二回目の小豆島から参加して昨年の第八回愛媛まで、毎年シシ垣サミットに参加している。その内二〇一三年に開催された第六回シシ垣サミットは、奥で開催し大成功を収めた。

僕はこれまで、地域における農民の生活遺産として猪垣の価値をみとめ、十分な調査を行い、先人達の築いた知恵を学び、保存・管理することの必要性を訴えてきた。その趣旨はまだ浸透しているとは言えない。が、やんばるの国立公園化が決定され、さらに世界遺産への登録が話題になる昨今、市町村や県・国もふくめた行政の面からの対応が求められているものと考える。

（宮城）

コラム：犬嫌い

僕は幼稚園生のころは開墾で暮らしていたが、その後、集落内の家に引っ越した。ある日。そのころ父が管理していた発電所に遊びに行き、夜、街灯もないうえフクギの防風林が影を落としている真っ暗な集落内の道を、空の明るさだけをたよりに自宅に戻った。その途中、何かに躓いたと思った。どうやら、寝そべっていた犬の尻尾を踏んだようである。尻尾を踏まれた犬は、吠え出し僕に咬みついてきた。

それまで、猟犬とは仲が良かったのだが、その日以来、猟犬の中のミケと呼ばれていた犬の様子がおかしくなった。僕が近づくと必ず吠えるのである。そのことから、前の晩に僕が踏みつけたのはミケの尻尾だったと気付いた。

ところが、しばらくたって僕の家族が移り住んだ家は、猟犬が飼われていたところであった関係で、飼い主が引越した後も猟犬たちは時々床下をねぐらにするためやってきたのである。僕と相性の悪い猟犬・ミケも時たまやってくるので、その時は恐る恐るなるべく合わないようにした。僕はこの一件がトラウマとなり、今も犬が苦手である。

（宮城）

コラム：仕掛け銃

開墾の芋畑は大きく拡張され大きな芋を実らせていたが、囲いもされてないことから時々イノシシの食害を受ける様になった。囲いをしても費用が重なるばかりで、ヤマンクビー開墾のナンヨウヤー、宮城久勝さんに相談した所、南洋から持ち帰った猟銃があるとのことで、仕掛け銃を仕掛けることになった。畑の真ん中程に銃が括り付けられ、そこからタコ糸がクモの巣のように張り巡らされたため、畑での芋掘りは大変であった。そして危険なので糸に触れないように注意された。訳を聞くと、どの方向からイノシシが畑に入っても銃口が糸に触れたイノシシの方に向くように仕掛けてあるとのことだった。しかし、実際にイノシシを捕獲した話は一度も聞くことがなかった。その一方で、小学生の頃にある人が、自分で仕掛けた鉄砲ヤマ（仕掛け銃）に撃たれて亡くなった例もあった。このように仕掛け銃は、大変、危険なものだった。

（宮城）

5 伝統知の継承

一章で、大学に近接している中学校の生徒に「普段見かける生き物は何か？」と尋ねたところ、その返答が「犬、猫、ハト、ゴキブリ、草」というものだったということを紹介した。このうち、「草」という返答に関して、ふたつのことを思った。ひとつは、「植物も生き物と認識してくれているのはうれしい」という思いであり、もうひとつは「草なんていう植物はない」という思いである。そして、このやりとりから、現代社会というのは、身近に生えている植物を、「草」や「木」としてひとくくりにしてかまわない暮らしを送る社会なのだということに気づかされた。逆に言えば、かつて、人々は、身近な植物を「草」や「木」としてひとくくりにすることができない暮らしを送っていたわけだ。そのことを具体的に教えてくれたのが、クニマサさんをはじめ、かつての暮らしを覚えていて教えてくれた人々の話である。

沖縄の島々で地域出身の年配者に、身近な植物について話をうかがうと、前章の魚毒や繊維利用植物の例のように、一つ一つの植物に、それぞれの名前がつけられていて、様々な用途に使用されていたことに驚かされる。

聞き書きを始めて、最初の頃に興味を持ったのは、「この木（草）は山羊が好んで食べる」といった話とともに、教えられる植物がしばしばあったことだ。

琉球列島の島々では、運動介護の骨休みや家普請などの折々に、山羊をつぶして食べた。またその糞は肥料としても重宝された。そのため、農村部では、各家庭で山羊が飼育されていた。奥の場合を例にすると、山羊は、主にピーダーナマシ（刺身。焼いて焦げ目をつけた皮や赤身に、酢、トウガラシ、シークヮーサーを加え、味噌和えにしたもの）、ピーダージル（汁。鍋に骨ごとぶつ切りにし、血を入れて煮込み味噌で味付けをし、薬味としてヨモギやショウガを使用したもの）、チーキ（内臓や肉とニンジン、そのほかの野菜を血と混ぜて味付けした料理）といった料理に調理され、ピーダーグスイ（山羊薬）と総称されるように、滋養強壮の効があるとされた。このような利用がなされる山羊は木の葉も含め、多種多様な植物を口にするため、飼育にはそれほど手間はかからない。それでも口にする植物に好みはある。このように、日常的に接している山羊の飼育に関する知識が、伝統的な植物の認識上に登場することになるわけだ。

例えば、山羊が好む植物として、いくつもの島から話を聞き取れたものに、クワ科のハマイヌビワがある。ハマイヌビワは岩場などにも根をおろすことができる雑木で、都市部にある僕の勤務する大学構内にも生育しているような、沖縄島南部でもごく普通に見かける木である。おもしろいことに、山羊が好む植物として同じように認識されながら、以下のように島によって、この木の呼称はさまざまである。

（ハマイヌビワの呼称）

- ・アリキャネク　奄美大島・摺勝
- ・アッタニク　沖縄島・奥
- ・アンマーチーチー　沖縄島・知花
- ・アンチィナクー　沖縄島・仲村渠
- ・アリンガフ　石垣島・登野城
- ・アリドゥー　波照間島

このような伝統知は、どのようにして親から子へ、伝承されていったのだろう。宮古諸島・伊良部島の方から聞き書きを行っている際に、自身が植物の知識を身に着けていった過程に関して、次のようなお話をうかがった。

「子どもも小学校一年から草刈りにいくようになります。それで刈ってきた草が少ないと、怒られる。もっと刈ってこいと。晩飯も食べさせてもらえない。刈った草を入れる入れ物も、自分

ハマイヌビワ
　葉はヤギのエサとなる

で編みます。アダンは茎の途中から足を延ばしますね。その足が地面にとどかないうちのものを切ってきて、裂いて、それで綱を作って、大き目の網目の編み物を作って、それが、刈った草を入れる入れ物です。草をいっぱい入れて背負うと、もう背負っている子どもの姿も見えないくらいのものです。それだけたくさんの草が刈れないときは、ごまかすために、中のほうに、山羊の好まないような草を入れて持って帰るわけです。ただ、山羊もおいしくない草は、翌朝、食べ残していたりする。それを親が見つけると、「お前、こんなもの、刈ってきて……」と怒られます。そういうことがあって、自分で、山羊の好む草、好まない草を覚えていきました」

この話は、やんばるの人々にも当てはまるだろう。以下のクニマサさんのコラムからは、同様の話が読み取れる（ただ、子どもたちが草を入れる容器に何を使うかといったことには伊良部島と奥で、差異はみられる）。また、クニマサさんたちが飼っていた山羊を子どもたち同士だけでつぶし、食べてしまったという話には、当時の子どもたちのたくましさを見る思いがする。

コラム：子どもの仕事とヤギの世話

幼稚園になるとアンダプーリ・パーギ（竹で編んだ小籠）が与えられる。これは、正月前にウンメー（お爺さん）やパッパー（お婆さん）が孫に作って与えたもので、ソーガチワー（前述。正月前につぶされる豚）の解体のときに使う。また、小学校になるとティルンクヮー（小型のザル）とハマンクヮー（小鎌）、ミチマタンクヮー（三叉鍬の小さいもの）が与えられる。この三つの農具は、子供の成長に応じて、より大きなものに変化していく。例えば草刈りの容れ物は、最初タジクと呼ばれるもので、成長にともなって、ティル、バヒ、オーダ（もっこ）と変化する。ミチマタンクヮーは、二期作の際に、田を耕し、畝を作る作業や、そのようにして作ったタードーシのサツマイモの収穫をする際にも使われる。

小学校に入り初めてするのが、ピーダー（山羊）のための草刈りである。授業が終わると隣近所の子供たちが集まり、先輩に連れられて草刈に行くのである。ピーダーグサ（山羊の餌となる草）を刈るのであるが、これが自分に与えられた農具を使用しての仕事の始まりである。草をつかみ鎌で刈り取る要領を先輩達から教わる。ピーダーの餌になる草の選び方まで、先輩のやることとなすことを見て、覚えていくのである。もちろん、その過程で、何回も指を切った思い出がある。さらに三年生頃になり十分な草刈が出来るようになると、親から一頭のピーダーンクヮー（子山羊）を与えられその世話をまかされる。

ところで子山羊は一年ほど養っているうちに、大きく育つが、両親は雨降で山仕事ができないときなどに、養った子どもたちに断りもなく、ピーダーをつぶして食べるのである。当然、子どもたちはそのことに対して不満を持つ。そこで小学校六年になると、親たちが山仕事に出かけているうちに、今度は親たちに断りなく、ピーダーをつぶして食べてしまったりするのだ。隣近所の子どもたちが集まり、自分たちでピーダーをつぶして炊いているところに、親が帰ってきたことがある。このとき、怒られるかと思えば、親も一緒になってピーダージル（山羊汁）をおいしそうに食べ始めたこともあった。

つまり、奥の子どもたちは、中学校に上がる前にはみな、ピーダーをつぶして食べるくらいの解体技術と炊き込み術は身につけていたわけである。

中学校を卒業した後の分散会は、自分たちでアルバイトをして資金を集め、そのお金でピーダーを買い、フパダチバマやユッピバマ（注：ともに海岸の名前）へ行き、ピーダー料理を食べながら語り合い、互いの絆を深め、別れを惜しんだのだった。

（宮城）

6 やんばるの祭り

沖縄の島々には、また、それぞれに固有の祭りや儀礼がある。伝統儀礼の一つの柱が、農耕儀礼だ。多くの島で、その農耕儀礼の中心をなしているのが、稲作儀礼である。稲作儀礼には、主として播種、田植え、収穫という三つの時期に行われるものがみられるのだが、沖縄の場合は、播種と収穫の時期に儀礼が集中しているのが特徴であるとされる。収穫儀礼はさらに、稲穂が熟し始める旧五月ごろの初穂儀礼と、稲の収穫が終了した旧六月以降に行われる刈上げ儀礼に分けられる。石垣島などでは、八月ごろ、プーリ（豊年祭）と呼ばれる刈上げ儀礼が盛大におこなわれる。こうした農耕暦に立ってみた場合、南島においては、一期作が収穫された夏にサイクルの一区切りがつき、次の一期作の種を播く時期である十二月にあらたなサイクルが始まるというふうにいうことができる。そのため、西表島などでは八月末～九月ごろに、シチ（節）と呼ばれる、年度の区切りと新年を祝う儀礼が執り行われる。

奥の場合、九月初旬ごろに、シヌグと呼ばれる儀礼が執り行われる。シヌグというのは『沖縄大百科事典』の記述を引けば「収穫がすみ、次の新しい農作に移る前に行われる祭り。（中略）古い時代の年越しの祭りとみるのが穏当であろう」とある。刈上げ儀礼の要素と、年度の区切りを祝う要素がともにあるわけだ。なお、奥ではさらに、シヌグとウンザミ（海人祭）が隔年ごとに交代に執り行われていて、シヌグは海に関連する儀礼であるウンザミとも関わりあいがあるという、重層的な意味あいを持つ。

『沖縄大百科事典』によると、シヌグが執り行われているのは国頭村の奥、辺戸、安波、安田のほか、名護市の汀間、本部町の備瀬、具志堅、そのほかに伊是名、伊平屋島など（加えて鹿児島県の沖永良部や与論）であるという。必ずしもやんばる一帯の集落すべてで行われているわけではないし、やんばるに限定された祭りであるわけでもないことになる。また、同じようにシヌグと呼ばれる儀礼であっても、その内容は集落によって異なっている。例えば、先に挙げた集落の内、安田、安波、奥のシヌグでは、男たちが体に木の葉やつるをつけて、山登りをしたのち村に戻り、女性や年寄りを祓うという儀式がある。奥の場合はさらに、奥でのみ伝承されている、ビーンクイクイという儀礼がシヌグの中に含まれている。

そのビーンクイクイを見学に行った。その時の様子を紹介してみることにしよう。

ビーンクイクイが行われるのは、シヌグの最終日（三日目）である。

夕方三時。集落の長老格のお爺さんが、車いすに乗って、広場へ登場した。この方が本日の主役を務めることになる。豊年万作と無病息災と記された二本の旗と、豊年長寿と書かれたムシロ旗が一本用意されている。広場の一角には、白木とススキで作られた仮小屋が設置されていて、お爺さんは、その中に招かれた。そして、衣装替えを行う。頭にはシュロの皮で作られたかつらをつけ、あごにもシュロの皮製のひげを装着するのである。手にはビロウで作った扇を持つ。

ここで、一度、女性たちが手にした太鼓を打ちながら広場を回って踊るという、ウスデークと呼ばれる芸能が奉納される。それがおわると、いよいよ、ビーンクイクイとなる。

用意されるのは、木製の樽に担ぎ棒をとりつけた、いわゆる神輿である。この神輿……すなわち樽の中にお爺さんを座らせ、八人の男性で担ぎ、集落の中を練り歩くわけである。樽はトウズルモドキというつる植物で飾られている。

先頭に立つのは、筋骨隆々の、上半身裸の男性（若者ではなく、壮年の方だった）による空手演武。つづいて、棒術を演じる男性が二人。さらに酒甕を棒につるして、その棒を担ぐ男性が二人続く。そして、「ビーンクイクイ」と叫びながら、大太鼓をたたいて拍子をとる男性。旗持ちが三人、ミルク仮面（弥勒菩薩に由来する神様のお面をかぶった役）が一人。その後ろにお爺さんの乗った神輿がつづく。広場を左回りで三周。「ビーンクイクイ、ヨイヤサー」という掛け声に合わせて皆で練り歩き、樽の中ではお爺さんの手にしたビロウの扇が上下に打ち振られる……。一種の奇祭であろうと思う。

広場を廻った一行は集落内の小道へと進み、その後、アサギマーと呼ばれる広場を三周したのち、練り歩きは終了となった。

かつて琉球列島の島々の、各集落でごくふつうにみられた栽培植物のひとつに、皮を繊維源として使うシュロがあった。しかし、現在、シュロはほとんど姿を消してしまっていると先に書いた。奥でも、ごく細いシュロが数本、わずかに残っている状態だ。そんなシュロが、ビーンクイクイには使われている。例えば樽に載せる長老のかつらやひげを作るためのシュロを維持するこ

ビーンクイクイ

とさえ、現在では難しくなっている。地域から都市部へ人口の流出が続く現代社会において、集落に伝統として伝わる儀礼を、そのままの形で受け継いでいくのは容易なことではない。しかし、集落ごとに異なる儀礼の多様性もまた、長い歴史の生み出してきたものであり、それぞれの集落の儀礼が、ほかの集落のものとは取り換えっこがきかない固有性を秘めていることには、あらためて注意を向けたいと思う。

コラム：ビーンクイクイ

沖縄の各村々には、多くの民俗的芸能が残る。かつて奥には「組踊」を始めとした多くの伝統行事と、それにまつわる芸能が、太平洋戦争前段の一九四三年まで継続されていたという。そして、一九四五年八月に降伏し、収容所での生活を終え開放されて一〇月五日に、収容所から集落に帰った日を記念して、翌一九四六年に復興記念日が制定された。この日には、復興祝いの余興として村芝居も復活し、以後、毎年上演するようになった。戦後まもなく、何の娯楽もない混沌とした時代に、村芝居は戦争で打ちひしがれた区民に明るい希望を与えるものであった。

奥では一九四七年に、月に二回、一日と一五日が区の公休日として制定され、同時に戦時中に中断されていた多くの行事も復活することになった。

僕が幼い頃は、夏になりアカマミ（赤いササゲ）の収穫を終えたころ、アカマミメー（赤いササゲ入りの豆ご飯）を炊き、それを食べる風習があった。アカマミメーを食べ終え、あたりが暗くなった頃、メーンパー（集落南の段々畑）にピルムイ（松明が灯ったり、消えたりを繰り返し移動していくように見えるもの）が現れる。また、山祭と言ってアサギマー（旧公民館前広場）で、ヤマク（山工、斧で丸太を削り角材を作る）の様子をみせる儀式をして、山仕事の安全を祈願することもあった。もちろん、今に伝わるウシデークやビーンクイクイなどの伝統行事を楽しんだ思い出がある。

しかし、生活が安定し、生活様式も変わる中で、都市部への人口移動がはじまり、一九四六年に戦後復活した村芝居も一九五五年頃に幕を閉じることになってしまった。同時に区で引き継がれてきたウイミなど、多くの行事が、生活改善の名の下に、簡素化されたり廃止されたりしていくこととなった。

ビーンクイクイは、奥のウイミ行事の一つの儀式であるが、人手が多くかかることから真っ先に廃止されたいきさつがある。ここでは、ウイミ行事とビーンクイクイの復活と現在に至るまでの小史と概要を紹介したい。

奥のウイミ行事は、無病息災・五穀豊穣を神々に祈願する行事のことで、旧盆後の最初の亥

（干支）日をアラウイミと呼び、その日から二日の日程で行うウンジャミ行事と、三日の日程で行うシヌグ行事の二つの行事がある。ウンジャミとシヌグは、各々、隔年ごとに行われている。

ウンジャミは、二日間ウシデークを行って終わる。

シヌグは一日目を、フーヨーサレーと言う。この日は集落内を御祓いする神木であるシバヒ（イヌガシ）の枝を採りにヤマジーとシバヒヤマと呼ばれている場所に行く。二カ所のシバヒ採りのグループが、部落入口で合流して、衣装を替え、チルマキハンダ（カニクサ）を巻き付けミーパァンチャ（ゴンズイの実）を飾ったハブイ（冠）を頭にする。そして、太鼓をたたきながら、「フーヨーサレー、へーへーサレー」の掛け声とともに、神道や集落内のアサギマーやシヌグドー（凌堂）などのアジマー（広場）を練り歩く。最後に、メーバマ（前浜）まで行き、部落内の悪霊を清めたシバヒを海に流すのである。夕方からは、アサギマーでウシデークが執り行われ、一日目が終わる。

二日目は中休みで、夕方ウシデークのみをアサギマーで行う。

三日目がビーンクイクイである。

ビーンクイクイは大きなウヒ（桶）に長老を乗せて、シヌグドーからアサギマーまで「ビーンクイクイ、エイヤサー」と掛け声を掛け合いながら練り歩く儀式である。

僕が幼い頃見たビーンクイクイは、一度、廃止される前のものである。その時の桶は深く、大きなものであった。その桶に髭をはやしたお爺さんが立って乗り、それを青年達が肩にのせ、

ゴンズイ
ゴンズイの実とカニクサのつるの冠
シヌグの時に使われる

「ビークイクイ・エイヤサー」の掛け声と同時に、上へ高く持ち上げるのである。そのたびに、樽の中のお爺さんが振り落されるのではと、ひやひやしながら見ていた記憶がある。この大きな桶は、一九四六年に新築された茅葺の公民館のときは天井に保管されていた。が、一九五五年に瓦葺きの公民館が新築された時に、おりしも伝統行事の簡素化、廃止が叫ばれていたため、樽は処分されてしまい、現在まで残されていない。

一九七二年八月に、金城親昌（一八八二年生、当時九〇歳）が個人的に、手作りのビーンクイクイを実施するが、復活には至らなかった。正式に区としてビーンクイクイを復活したのは十一年後の一九八三年からである。

僕が幼い頃のビンーンクイクイは、大きな胸までもある深い桶の中に長老が入り、左手で桶の淵をつかまえて立ち、右手には寿と書かれたクバ（ビロウ）の葉でできた扇を持ち、かけ声に合わせてその扇を振りかける様であった。金城親昌による、手作りのビーンクイクイの場合、二本の担ぎ棒に台を作り、その上に備え付けた底の浅い桶に座り、さらに桶の四角に二本ずつのロープ、合計八本のロープを張り、横揺れを防ぐように引くような安全策が取られた方法となっていた。

ビーンクイクイの時間帯は、僕が幼い頃は夕方に行われたものだが、現在は時間が早まり、暑い昼下がりに行われるようになっている。練り歩くコースは昔も今も変わっていない。シヌグドー（部落のほぼ中心にある広場）で、ウシデークで場を清めてから、練り歩きが始まる。

チグ（シュロ）の繊維でこしらえたかつらと付けひげで変装した長老を桶に乗せ、空手の達人を先導にして、棒術、祝い酒担ぎ、太鼓打ち、旗持ちとつづいて、子どもらの後ろに桶に乗った長老と、その後に多くの男性たちが列をなし、「ビーンクイクイ・エイヤサー」の掛け声をかけ合いながら左周りで広場を七回（現在は日中の厚い時間帯に行われるので三回）廻る。それからこの一行で、旧共同店広場を通りアサギマーまでの約一五〇メートルを、練り歩くのである。そして、アサギマーでも左まわりに広場を七回まわるとビーンクイクイは終了し、夕方からウシデークでシヌグ行事が締めくくられる。

私が幼い頃の夕ぐれ時に、ひやひやしながら見たビーンクイクイの醍醐味と緊張感は、復活後のビーンクイクイには感じられない。時代の流れで、儀式が変化していくことを感じるひとコマである。

昨年（二〇一五年）のピーンクイクイには宮城親明（一九二七年生、八八歳）が長寿者として桶にのったが、本年（二〇一六年）はウンジャミの年にあたり、ビーンクイクイはない。来年（二〇一七年）はシヌグの年にあたり、ビーンクイクイを楽しみにしている。

ちなみに「ビーンクイクイ」とは「座って待っているので長寿にあやかりに来なさい」との意であるという言い伝えもあるが、定かではない。

（宮城）

7 やんばるの地名

先述したように、高校進学とともにクニマサさんは、奥を離れた。しかし、定年を間近にしたころ、ひょんなことから再び、奥との深い関わりをもつことになる。そのときのキーワードが、猪垣と地名であった。

奥区内には、かつて、数多くの小地名がつけられていた。その地名は人々の暮らしと深くかかわっていた。例えば、奥区内には、エーバテーと名のつく地名が九か所あることがクニマサさんらの調査でわかっている。エーバテーとは、藍畑の意味で、リュウキュウアイが栽培されていた場所につけられた地名だ。江戸時代から現徳島県にあたる阿波の国は藍の名産地であった。この阿波で作られた藍は、タデ科のタデアイの葉から作られたものである。一方、沖縄では、琉球王府時代からキツネノマゴ科のリュウキュウアイが栽培され、藍染めの染料が作られた。リュウキユウアイの栽培は、明治期に急増する。それは経済の流通が盛んになったことに加え、琉球王府が杣山として保護してきた森が開墾可能な土地として払い下げられるようになったことにも関連している。タデアイは一般作物と同様に普通の畑で栽培されるが、リュウキュウアイは半日陰の

リュウキュウアイ

水辺に自生する植物であるため、山地の沢沿いなどは栽培適地であり、開墾地に適した作物だった。実際、奥区内のエーバテーとつけられた地名を地図に落とすと、すべてが猪垣の外に位置していることがわかる。ただ、明治三〇年代以降、人工染料の開発と輸入の増加がみられるようになり、全国的に藍の栽培は打撃を受ける。沖縄のリュウキュウアイの栽培も、本部半島の一部を除けば、ほぼ戦前までのことである。エーバテーという地名は、このような里山の変遷の一端を物語るものであるのだ。エーバテーは、一つの例である。ここまで紹介したように、一九六〇年以降、やんばるの人々の暮らしは大きく変動する。それに伴い、集落内の小地名は、エーバテーに限らず、急速に忘れ去られつつある。

コラム：奥の地名

都市部への人口移動が過疎化地域を生みだした。その結果、地域の生活場であった山、川、海などとの関わりが薄れ放置されていく中、生活の一部として、育まれ活用されていた地名も忘れられていった。この状況に危機感を覚えた先輩方が申し合わせ、すでに一九九〇年代から地名を収集する作業に入っていたとうかがう。

僕は二〇〇八年に定年退職し、故郷、奥を訪ねた。その折、島田隆久先輩から、地名を収集したメモと、地名が記された付箋紙の貼られた二万五千分の一の地形図を何枚も張り合わせた地図を見せられ、「地名リストの整理と地図作りを手伝ってほしい」と依頼されたのが、奥の地名を調査し記録する仕事の始まりとなった。

収集された地名メモを預かり、約二カ年を経て整理したところ、地名の数は実に四一四点にものぼることがわかった。ようやく整理を終えた地名リストを持参して、地名図作成の打合せに奥へ行った時、今度は齋藤和彦さん（森林総合研究所関西支所）に出会うことになった。そして、齋藤さんや「沖縄県勤労者山の会」の皆さんと、GPS（全地球測位情報システム）を携帯して、山に分け入り現場確認を始めることになった（その調査はまた、猪垣の現場調査とも一緒に行われた）。

以下、これまでにまとめることのできた奥の地名についての整理結果を紹介したい。

（1）奥の地名の分類

奥の地名は、その多くが二つの要素からなる合成語である。この二つの要素は、標準語の「の」にあたる「ぬ」または「ん」で結ばれている。これらの要素を、さらに細かく分類してみる。まず、現在収集されている四一四の地名を、多い順に記すと、一般地名一〇三個、山の地名八八個、史跡名七四個、海の地名六〇個、川の地名五四個、水田の地名三五個となっている。

（2）自然に関する地名（以下、名称とそれにかかわるものを記す）

①　動物に関する地名

ハーブイガマ（ハーブイ［蝙蝠］＋ガマ［穴］）

カーミーマタ（カーミー［亀］＋マタ［谷］）

グンダバマ（グンダ［くじら］＋バマ［浜］）

サールーバンタ（サールー［猿］＋バンタ［崖］）

②　植物に関する地名

クインチャクブ（クインチャ［広葉杉］＋クブ［窪地］）

ダラギクブ（ダラギ［たらのき］＋クブ［窪地］）

ナチョーダラー（ナチョーダ［まくり、海人草］＋ラー［田］）

アニングマーラ（アニン［オキナワウラジロガシの実］＋グマーラ［湿田］）

③　地形に関する地名

アブントー（アブ［ドリーネ］＋トー［平坦地］）

ウプドー（ウプ［大きい］＋ドー［堂、平坦地］）

シガイマガイ（シガイ［しがみ付く］＋マガイ［曲がり角］で、岩場の曲角をしがみ付き越えた所）

④　位置に関わる地名

ウイ（ヒサ）ントー（ウイ［上］、ヒサ［下］＋ン「の」＋トー［平坦地］）

タカシジ（タカ［高い］＋シジ［頂、嶺］）

メーバマ（メー［前］＋バマ［浜］）

⑤　地質に関する地名

イシンチジ（イシ［石、岩］＋チジ［頂］

ガンバ（ガン［岩］＋バ［場］）

シルカニジ（シル［瀬戸］＋カニ［鉄］＋ジ［地］）

⑥　自然現象に関する地名

ヌンジー（虹がよく現れた所）

ハンナイヤキ（ハンナイ［雷］＋ヤキ［焼ける］、落雷により焼けた所）

（3）暮らしに関わる地名

アダンナカイクン（アダンナ［安谷屋］＋カイクン［開墾］）

ジーブグヮーカイクン（ジーブグヮー［宜保小］＋カイクン［開墾］）

インヌクァバル（インヌクァ［犬］＋バル［畑］、犬の餌畑で、インビキに使われる犬の餌用の芋を栽培した）

ナンヨウバル（ナンヨウ［南洋］＋バル［畑］、南洋からの引き揚げ者が拓いた畑）
トクムイエーバテー（トクムイ［徳盛］＋エー［藍］＋バテー［畑］）
ウドンエーバテー（ウドン［御殿］＋エー［藍］＋バテー［畑］）

（4）その他

地名は残るが詳細が忘れられた地名は次の通り
クニガブク、クニカチシヤ、ウイヌナンタルグチ、ヒサヌナンタルグチ、イシフルチなど。

ここでは、ごく簡単に奥の地名の概要を紹介するにとどめた。奥の地名の解明は十分とは言えない、集落内の細かい地名がまだ記録されてないからである。一方、地名を生み出す背景となった生活はここ五〇年で大きく変わってしまい、生活とかかわってきた地名は急速に忘れ去られつつある。引き続き現場調査をしながら、郷土に受け伝えられてきた地名を後世に残すべく努力していきたいと考えている。なお、奥の地名についての、現時点でのより詳しい解説については、『シークヮーサーの知恵』を参照されたい。

（宮城）

8 やんばるのことば

山羊のことを、沖縄ではヒージャーと呼ぶ。ただし、これは沖縄とはいっても、中南部で使われてきた言語でのことである。奥で話されてきたウクムニー（奥の方言）では、本書にこれまで登場したように、山羊はピーダーと呼ばれる。

琉球列島の各地域では、土地のことばを、シマクトゥバ、シマフトゥバ、シマグチ、スマフツ、スマムニなどと呼ぶ。このシマやスマというのは、島だけでなく、集落を指し表す場合もあることばだ。先に少しふれたが、ユネスコが危機に瀕する言語としてとりあげた言語には、奄美語、国頭語、沖縄語、宮古語、八重山語、与那国語が含まれていた。奥というシマで話されてきたウクムニーは、このうち国頭語に含まれる。奥の総合調査でご一緒させていただいた琉球大学のかりまたしげひささんの国頭語の解説によると、やんばると呼ばれる地域で、「兄」という単語だけでも、実に多様な言い表し方があることが報告されている。「兄」という単語だけで、以下の四つの系統があり、総計して二〇個（音を伸ばすかどうかなどの微細な違いまで含めると二七個）もの異なった単語があるという（下記）のである。やんばるだけでも、これだけ、言語の多様性がみられるわけであり、ウクムニーはその一つであるわけだ。

やんばるでの兄を表す単語
・ヤク系　ヤクミ、ヤカー、クーミー等
・ヤンミー系　ヤンミー、アンメ、アンミーなど
・ミー系　ミーミ、インミー、ンーミなど
・アッピー系　アッピ、アッパー、アフィーなど
・そのほか　ヤッチーなど
注：この調査におけるやんばるの範囲は、恩納村以北となっており、伊是名、伊平屋など周辺離島も含んでいる。

ウクムニーがどのような言語であるのかについては、かりまたさんら、専門家による解説にゆだねることにしたいが、地域で受け伝えられてきた言語の重要性について次のような指摘をここでは引いておきたい。

「地域固有のコトバによって表現される地域文化もあるが、コトバに反映される地域文化もある。コトバと地域文化は密接不可分の関係にあり、コトバは地域文化の伝達と継承にとって最も

重要な役割を果たす。コトバに深く刻み込まれた地域文化は、コトバを通して理解され、コトバによって時間を超えて伝えられ、蓄積されてきた。コトバはかけがえのない無形の文化財である。（かりまた　二〇一六b）」

そんな無形の文化財である地域の言語もまた、急速に変化しつつある。

ここで、奥出身者のクニマサさんにウクムニーについて紹介してもらうことにしよう。

コラム：ウクムニーについて

私が子どもの頃は、もちろん、周囲には、ウクムニー（奥方言）で話す大人たちが普通にいた。しかし、僕自身がウクムニーと関わるようになったのは、二〇〇八年の退職後からのことなる。僕は那覇に住んでいるが、父の手元に奥の歴史・文化をまとめた『奥のあゆみ』という一冊の本が保存されていたのを知ったのが、そもそもの始まりだ。この本を読んで、故郷奥のことについてまとまった知識を得ることができ、さらなる興味をもった。すると、母が、『奥のあゆみ』刊行委員会の委員長を務めた上原信夫さんが、那覇の自宅近くに住んでいるというのである。そこで、信夫さんのお宅を訪ね、話を聞くことにした。この信夫さんとの出会いが、僕のウクムニーとの関わりの本格的なスタートと言える。

自宅を訪ねると、信夫さんの手元には、ページ数が制限されたため、『奥のあゆみ』に掲載できなかった、奥にまつわる数多くの資料があった。信夫さんは、奥にまつわる、歴史や文化のうち、自分が体験としてかかわったことに関して『随想録』と『続随想録 ―古里の食と生活』の二冊の本も自費出版しており、その二冊を僕にくれた。さらに信夫さんは、「ウクムニーが忘れられかけている」と憂い、ウクムニーの収集メモを僕に見せ、清書してほしいと言ったのである。

信夫さんから手渡されたメモを、二年がかりで清書し、分類し終えたちょうどそのころ、奥出身の言語学者で琉球大学の石原昌英先生らと関わりが生まれ、結果として石原先生や、同じく琉球大学の言語学者であるかりまたしげひさ先生らと一緒に、ウクムニーについての共同調査に加わることになった（この調査結果も、『シークヮーサーの知恵』の中に報告されている）。

ウクムニーは、沖縄島最北端の奥集落に残る独特なことばである。周辺の集落の、宜名真・辺戸・楚洲などと通じない部分があるが、その一方で、沖縄島の北方に浮かぶ与論島のことばとは共通する所が多くみられる。

二〇一五年に始めて与論島を訪ねたとき、自己紹介で、ウク（奥）出身であることと、奥では与論のことをユンヌと呼んでいたが、ユンヌと云ってよいかとたずねてみた。ウクムニーでは与論島のことをユンヌと呼ぶからである。すると、「久し振りにユンヌという言葉を聞いて懐かしくなった。ユンヌと云うのが当たり前」と大歓迎を受けた。与論島でも自身の島のことをユンヌと呼んでいたのだ。

実は奥にはユンヌヤマという名の山がある。奥の地名を調べているうちに、ユンヌヤマは楚洲領域にあるものの、奥の人達が林産物を切り出していたこと、また与論町史に六〇〇年ほど前の伝説として、「ユンヌヤマ」の名の由来のことが紹介されていることも分かった。

ほかにも与論とのつながりを紹介すると、かつて、与論からは家畜や砂糖などが奥に持ち込まれたという。また、ニンブーと呼ばれるワラで作られたむしろも与論から伝わったと言われている。与論にはまたリュウキュウチクも少ないはずなのに、それを使った奥のアンヌミ（竹で編んだ網。猪垣や壁などに使用した）も、もともとは与論から持ち込まれたものであるとう。

では、ウクムニーの例を紹介しよう。

（1）動植物に関する言葉

アポープ（やんま類）
アケーダー（とんぼ類）
サンシンピーカー（いととんぼ類）
ユダイムシ（なめくじ）
オードゥーダナ（りゅうきゅうあおへび）

クラユマ（すずめ）
オーダマ（めじろ）
ハーブイ（こうもり）
ヤーナブラー（やもり）
モーアーサ（いしくらげ）・・・乾燥させアーサ（ヒトエグサ）と同様に食べた。
マーランブックイ（はいごけ）・・・丸めてボール代わりにして遊んだ。
アダマ（しまあざみ）・・・しおらせてから牛の餌とした。
ダラギ（たらのき）・・・食べることはなかった。

（2）ウクムニー（奥言葉）の活用例（字誌『奥のあゆみ』より）

・テーパー（冗談）
　カマーヤ、テーパームン、ヤッサー（かまーは、よく冗談を言うやつだ）
・ビーヤー（不潔）
　キンヤ、アラーティ、キーバヤシ、ビーヤー、ギサーヌ（着物は洗って着ければいいのに、不潔そうで・・・）
・ドゥゲールン（ころぶ）
　アンシー、イスギバ、ドゥゲールンドウー（そんなに急ぐと、ころぶぞ）

・ピジヤーシムン（怠け者）
　ピジヤーシムンカイヤ、ムヌクラースナ（怠け者には飯をやるな）
・ババイ（あれ？　なんじゃこりゃ）
ババイ、ババイ、ヌーナタル、ムンガシ、フリヤ（あれ？　あれ？　どうなっているんだ、これは）
・ナハッタゲームン（取得のない者）
　フンヤーヤ、ズンニ、ナハッタゲームン、ヤッサー（こいつ、ほんとに取得のない奴だなあ）
・ドゥマングイン（取り乱す、あわてふためく）
　スラーク、ドゥマングティ、ヌーガサークラ、ワハラヌ（すっかり取り乱してしまって、何をしているのかわからない）
・トゥンタチビー（そんきょする）
　トゥンタチビー、ソーティ、ムヌカジヤナランシガ（そんきょして、飯を食ってはいけないよ）
・シカラーサ（うら寂し）
　ユルナイバ、シカラーサクナティ（夜になると、うら寂しくなって）
・ミークラガミ（目まい）

ヌーガラ、ミークラガミシー、キムチ、ワッサヌ、ナランサー（何だか、目まいがして、気持ちわるくて、しようがない）

・サーパゴーハヌ（くすぐったい）

フマ、サーラリーバ、サーパゴーハヌ（ここを触れられつと、くすぐったい）

・ティパゴーサハ（歯がゆい）

フリガ、シーカタヤ、ティパゴーハヌ、ミチヤ、ウララン（こいつのやり方は、歯がゆくて、見てはおれない）

・ピサビルクムン（足がしびれる）

ピサマンキビー、シーズーサヌ、ピサビルクジ、ナランサー（正座しすぎて、足がしびれて、仕方がない）

（宮城）

ここまで、やんばるとはどこかということから始め、どのような生き物が住んでいるところなのか、またやんばる固有と言われる生き物は、時代とともにどのような変遷が見られたのかを見てきた。また、やんばるは古くから人々が暮らしてきた場であり、その人々の暮らしとかかわる里山が見られたことと、その里山こそ、一九六〇年代以降、大きく姿を変えてきたことを紹介した。最後に里山の変化と期を同一にする、人々の暮らしの変化についても見ていくこととした。

やんばるは、自然もそこで暮らす人々の文化も多様性に富んでいるということについて、いくばくかなりとも紹介できたとしたら、著者らの目的は果たせたのではないかと考える。

二〇一六年九月一五日、日本で三三番目の国立公園として、やんばる国立公園が指定された。では、やんばる国立公園はどこからどこまでか。冒頭のやんばるはどこから？の問いへの回答にはいくつかの答えがあることを示した。やんばる国立公園は、この答えの中のひとつであった、「塩屋湾以北の地域」が該当の地域となる。ただし、その全域が指定されているわけではなく、塩屋湾以北の沖縄島中央部が細長い形で国立公園に指定されている。その国立公園の東側に隣接する形で、米軍の広大な北部訓練場がある。

やんばるは、その一部が国立公園の指定がなされる一方で、東村高江では、住民の反対をよそに、あらたな米軍施設の建設が強硬に推し進められている。また、本書では海の自然についてはほとんど触れることができなかったが、沖縄島近海の中でも極めて高い生物多様性を誇る大浦湾（辺野古）に、米軍の新基地を作ろうとする国の姿勢も改まっていない。このように、前書きに書いたように、本書で紹介したことは、やんばるについての、ごく一部のことにすぎない。実際にやんばるを訪れた際には、それぞれの方の目には、もっとさまざまな、やんばるの姿が目に留まるだろう。そのとき、頭の片隅に、本書に書かれた記述が思い浮かぶことがあればと思う。

キョキョキョキョキョキョ……。

やんばるの森には、今日も、夜のしじまを破って、ヤンバルクイナのけたたましい鳴き声がひびいているはずである。

あとがき

今から十六年前。僕が沖縄気象台地震火山課現業室に在籍しているとき、その職場に一本の電話がかかってきた。「盛口満という者です。実は岩崎卓爾（石垣島地方気象台の前身である石垣島測候所の第二代所長で、仙台出身）について、調べたいと石垣島在の正木譲さん（元石垣島地方気象台職員）を訪ねたら、〝いま岩崎卓爾について、一番詳しいのは宮城邦昌だ〟と紹介されたので、電話をしました」との内容であった。話を聞くくらいなら仕事にも差支えないと判断し、今日でよければ気象台まで来るようにと言って電話を切った。

しばらくすると、背の高い、痩せ細った青年が、大きな赤いリックを背負い地震火山課現業室に現れた。それが盛口満（以下、僕が普段呼びかけているように、ゲッチョと記す）との出会いである。岩崎卓爾が最初の縁であったのだが、ゲッチョも僕も自然に興味があったため、それ以来交流が続いている。僕が南大東島の気象台に赴任しているときには、僕を頼って南大東島まで訪ねて来たこともある。

ゲッチョは理科教員の傍ら、何冊もの本を書いている。その本を手掛けている出版社のひとつが、本書の出版元である木魂社だ。僕はゲッチョを介して木魂社の鈴木和男社長とも知り合ったのだが、今ではゲッチョをぬきにしても、鈴木さんとはいろいろな交流をするぐらい、親しくさせてもらっている。

二〇一五年の六月。鈴木さんが久しぶりに沖縄にやってくることになった。さっそく宴席を設け、ゲッチョともども鈴木さんを歓待することとなった。その場で、鈴木さんが口にしたのが、僕とゲッチョの二人で「やんばるに関わる本」を書いてほしいということだった。ゲッチョはゲッチョで、いつかやんばるの紹介をする本を書きたいとは思っていたらしい。それならなんとかなるかと、僕も軽い気持ちで話を受けることとなった。ところが、いざ筆をとるとなると大変であった。

本書執筆に当たり、ゲッチョと数回にわたり構想を練った結果、基本的な流れをゲッチョが担当し、僕はやんばるの人々の暮らしに関した内容を書くということが決まった。が、奥部落に限定した話ならば、高校進学時に那覇へ出るまで体験した、奥での一六年間の出来事を綴りあげればいいかと思っていたが、本の内容が奥に限定されているわけではないということに気づき、どう書いてよいのか困ってしまったのである。

鈴木さんから話をいただいてから、一年余が経過した。世の中の時間は進み、やんばるの森が国立公園に指定されたというニュースが耳に飛び込んでくるようになった。さらには世界自然遺産への登録も取りざたされている。このような時代となった今、やんばるを紹介することの重大さをひしひしと感じている所である。

さて、第一章で、「やんばるとはどこからどこまでか」について、ゲッチョが一通りの説明をしてくれているが、ここで補足をしておきたい。本文にもあるように、「やんばるはどこからどこまでか」については、複数の定義がある。僕の場合は、初めて沖縄にやってきた知人や友人を案内する際、車に乗って沖縄自動車道を北上しながら、石川岳が見えてくると、「地形、地質、そして動植物も、目の前にそびえている石川岳付近を境に大きく変わるよ。だからここから、やんばるが始まるんだ」と説明をしている。また、多様性に満ちたやんばるの研究を行うことを目的として二〇一一年一一月に結成された、やんばる学研究会も、恩納村と金武町以北という、歴史的な区分ををやんばる学の対象区域として位置付けている。

あとがきを書くにあたって、もうひとつ、ふれておきたいことがある。

沖縄県は離島が多く、一番大きな沖縄島も山が覆う、土地が少なく天然資源が乏しい上に、台風等の自然災害も多いため、歴史的にはこの土地に住む多くの人々が貧しい生活をせざるを得ない時代が長く続いた。一九〇〇年代になって、諸外国との航路がひらかれたことから、多くの沖縄県民が新天地を求めて、ハワイをはじめ、南米やフィリピンなどに渡っていくこととなった。やがて人々は、各々の土地で郷友会や沖縄県人会を結成し、絆を保ちながらも、それぞれの土地に根付いていった。一九九〇年になって、こうした人々の、あらたなうねりが起こる。それが

「世界のウチナーンチュ大会」の開催だ。文字通り、世界各地から、故郷である沖縄を訪れ、互いに交流を深めるという世界のウチナーンチュ大会は、二〇一六年で六回を数えることになっている。その中には、もちろん、元をたどるとやんばるの出身者も含まれている。海外に移住した人々や、その人たちの子や孫が、いつまでも沖縄や、それぞれの父祖の出身集落を訪れ、個々のルーツを確かめ、その地に暮らす人々と親交を深める貴重な機会として、世界のウチナーンチュ大会を僕は歓迎している。なぜなら、僕にも同じ思いがあるからだ。僕は沖縄に在住しているものの、故郷、奥を離れ、普段は那覇で暮らしている。しかし、本書に書いたように、定年をきっかけに、奥との深い関わり合いが生まれた。今は、何かあると、すぐに奥に駆けつける日々を送っている。定年後が、こんなにいそがしい日々になるとは、思っていなかったほどだ。

僕が生まれ故郷の奥を離れてのち、再び出身地である奥に興味を持つようになってから、先輩方である奥のオジーやオバーたちからは、奥の地名、ウクムニー、生活体験など多くの事を教えてもらいました。直接、物作りを体験させてもらったこともあります。本当に色々お世話になりました。僕が奥にあらためて興味を持つようになった、ここ一〇年ほどの間に、多くのオジーやオバーたちが他界してしまいました。本書の中に登場する、ウクムニーの膨大なメモを残された上原信夫さんも、二〇一四年に亡くなられました。こうした多くの先輩方に、この場をかりて感謝とご冥福を申し上げたいと思います。

そして本書が、やんばる学の入門書として、やんばるに興味をもってくださった、多くの皆さんの手にとっていただけることを期待して、あとがきと謝辞と致します。（宮城邦昌）

参考文献

荒谷邦雄ほか　二〇一六「奄美群島固有のクワガタムシ類の自然史」水田拓編『奄美群島の自然史学』東海大学出版会
安渓貴子　二〇一一「ソテツの来た道　毒抜きの地理分布から見たもうひとつの奄美・沖縄史」安渓遊地ほか編『奄美沖縄環境史資料集成』南方新社　pp.363-404
安渓遊地編　二〇〇七『西表島の農耕文化』法政大学出版会
安渓遊地・安渓貴子　二〇一一「いくさ世のあとさき」蛯原一平ほか編『聞き書き・島の生活誌⑥　いくさ世をこえて　沖縄島・伊江島のくらし』ボーダーインク　pp.94-113
市川守弘　二〇一一「不思議の森を守る」青木淳一ほか『オープンミュージアム！　やんばるの森のまか不思議』沖縄大学地域研究所ブックレット　pp.133-147
上原信夫著　二〇〇〇年『随想録』上原信夫
上原信夫著　二〇〇七年『続随想録―古里の食と生活』上原信夫
浦崎直次著　一九九八年『奥のあゆみ』国頭村奥区事務所
大西正幸ほか　二〇一六「奥・やんばるの〝言葉―暮らし―生き物環〟」大西正幸ほか編『シークヮーサーの知恵』京都大学学術出版会　pp.1-25
大野啓一　一九九七「日本から台湾の照葉樹林」『特別展　南の森の不思議な生きもの　照葉樹林の生態学』

千葉県立中央博物館　pp.78-87
大橋広好ほか　二〇一五『日本の野生植物　第1巻　ソテツ科~カヤツリグサ科』平凡社
沖縄県教育庁文化財課資料編集班　二〇一五『沖縄県史　各論編　第1巻　自然環境』沖縄県教育委員会
沖縄大百科事典刊行事務局編　一九八三『沖縄大百科事典』沖縄タイムス
奥共同店100周年記念事業実行委員会編　二〇〇八年『創立百周年 記念誌』奥共同店
奥のあゆみ刊行委員会編　一九八六『字誌　奥のあゆみ』国頭村奥区事務所
小高信彦　二〇一六「オーストンオオアカゲラとノグチゲラ　奄美群島と沖縄島における固有鳥類の分類と保全について」水田拓編『奄美群島の自然史学』東海大学出版部　pp.156-174
皆藤琢磨　二〇一六「中琉球の動物はいつどこからどのようにしてやってきたのか？　ヒバァ類を例として」水田拓編『奄美群島の自然史学』東海大学出版部
かりまたしげひさ　二〇一六a「琉球方言の言語地理学と動的系統樹」大西正幸ほか編『シークヮーサーの知恵』京都大学学術出版会　pp.311-342
かりまたしげひさ　二〇一六b「消滅危機言語における辞典の役割」大西正幸ほか編『シークヮーサーの知恵』京都大学学術出版会　pp.411-436
球陽研究会編　一九七四『球陽　読み下し編』角川書店
金城達也　二〇〇九「沖縄本島・山原地域における自然資源の伝統的な利用形態」『沖縄地理』9:1-12
国頭村役場編　一九八三『国頭村史』国頭村役場

阪本寧男　二〇〇九「私の里山」『第53回プリマーテス研究会記録：里山の自然―私たちは次世代に何を残すか』　pp.4-6
齋藤和彦　二〇一六「近代沖縄に継承された近世琉球の造林技術―国頭村字奥で見つかった『造林台帳』の分析―」大西正幸ほか編『シークヮーサーの知恵』京都大学学術出版会　pp.213-236
佐々木廣海ほか　二〇一六『地下生菌識別図鑑』誠文堂新光社
佐敷町史編集委員会　一九八九『佐敷町史　三　自然』　佐敷町役場
佐藤寛之　二〇一五『琉球列島のススメ』東海大学出版会
島野智之　二〇一二『ダニ・マニア』八坂書房
島田隆久　二〇〇九『奥川変せんの話』「リュウキュウアユシンポジューム in 奥川」発表資料
清水善和　二〇一〇『小笠原諸島に学ぶ進化論』技術評論社
城ヶ原貴通　二〇一六「トゲネズミ類の生息状況、とくにトクノシマトゲネズミについて　人との出会いと生物調査」水田拓編『奄美群島の自然史学』東海大学出版部　pp.175-192
末次健司ほか　二〇一四「菌従属栄養性の生活様式を可能にした様々な適応進化―特に送粉様式の変化について」『植物科学最前線』5:93-109
ダイビングチーム すなっくスナフキン編　二〇一五年『大浦湾の生きものたち　琉球弧・生物多様性の重要地点、沖縄島大浦湾』南方新社
高橋亮雄　二〇〇八「琉球列島の更新世カメ類化石についての分類学的研究」『アマミキヨ：琉球大学21世

紀ＣＯＥプログラムサンゴ礁島嶼系の生物多様性の総合解析：newsletter』7:8-8
高橋春成　二〇一〇「まえがき」高橋春成編『日本のシシ垣』古今書院　pp.i-iii
嵩原健二ほか　二〇一五「ケナガネズミ Diplothrix legata（ネズミ目　ネズミ科　ケナガネズミ属）の食性について」『沖縄生物学会誌』53:11-22
塚谷祐一　二〇一六『森を食べる植物』岩波書店
當山奈那　二〇一六「〝ウクムニー〟習得のための音声教材試作版の作成」大西正幸ほか編『シークヮーサーの知恵』京都大学学術出版会　pp.437-464
当山昌直ほか「名護市底仁屋・生活を支える自然」当山昌直ほか編『聞き書き・島の生活誌①　野山がコンビニ　沖縄島のくらし』ボーダーインク　pp.37-58
豊田幸詞ほか　二〇一四『日本の淡水性エビ・カニ　日本産淡水性・汽水性甲殻類102種』誠文堂新光社
中盾興編　一九九六『日本における海洋民の総合研究　上巻』九州大学出版会
中村泰之　二〇一六「与論島の両生類と陸生爬虫類　残された骨が物語るその多様性の背景」水田拓編『奄美群島の自然史学』東海大学出版部　pp.351-369
日本冬虫夏草の会編　二〇一四『冬虫夏草生態図鑑』誠文堂新光社
日本直翅類学会編　二〇一六『日本産直翅類標準図鑑』学研
疋田努　二〇〇二『爬虫類の進化』東京大学出版会
平尾子之吉　一九五六『日本植物成分総覧　第三巻』佐々木書店

藤田喜久　二〇一六「宮古島の湧水とミヤコサワガニ」『ぎょぶる』4:22-31
前川清人　二〇〇六「食材性ゴキブリ類の系統と生物地理」『昆虫と自然』41(4):18-22.
松井正文　一九九六『両生類の進化』東京大学出版会
宮城邦昌　二〇一〇「沖縄島奥集落の猪垣保存運動」高橋春成編『日本のシシ垣』古今書院　pp.196-211
宮城邦昌　二〇一六「地名に見る奥の暮らしの多様性」大西正幸ほか編『シークヮーサーの知恵』京都大学学術出版会　pp.245-302
目崎茂利　一九八五『琉球弧をさぐる』沖縄あき書房
盛口満　二〇〇五『わつ、ゴキブリだ！』どうぶつ社
盛口満　二〇〇九a「南城市仲村渠・旧玉城村の稲作とくらし」当山昌直ほか編『聞き書き・島の生活誌①　野山がコンビニ　沖縄島のくらし』ボーダーインク　pp.71-102
盛口満　二〇一〇「波照間島・天水田と畑」安渓遊地ほか編『聞き書き・島の生活誌③　田んぼの恵み　八重山のくらし』ボーダーインク　pp.43-72
盛口満　二〇〇九b「瀬戸内町清水・畑仕事が人生だから」盛口満ほか編『聞き書き・島の生活誌②　ソテツは恩人　奄美のくらし』ボーダーインク　pp.9-19
盛口満　二〇一一「植物利用から見た琉球列島の里の自然」安渓遊地ほか編『奄美沖縄環境史資料集成』南方新社　pp.335-362
盛口満　二〇一二「ヤンバル・奥の食べ物の思いでの記録―上原信夫さんと宮城邦昌さんのお話し―」在那

覇奥郷友会『創立60周年記念誌　郷愁』pp.182-191
盛口満　二〇一三『琉球列島の里の自然とソテツ利用』沖縄大学地域研究所彙報第10号
盛口満　二〇一五a「琉球列島の里の自然とソテツ利用」安渓貴子ほか編『ソテツをみなおす　奄美・沖縄の蘇鉄文化誌』ボーダーインク　pp.111-119
盛口満　二〇一五b「名護市底仁屋における植物利用の記録—島袋正敏さんのお話し—」『地域研究』15:69-79
盛口満　二〇一六a「琉球列島におけるシュロ（Trachycarpus excelsus）の消失」『沖縄大学人文学部紀要』18:1-10
盛口満　二〇一六b「魚毒植物の利用を軸に見た琉球列島の里山の自然」大西正幸ほか編『シークヮーサーの知恵』京都大学学術出版会　pp.103-128
盛口満ほか　二〇一五「魚毒植物を中心とした池間島における植物利用の記録」『地域研究』16:191-206
谷亀高広　二〇一四「菌従属栄養植物の菌根共生系の多様性」『植物科学最前線』5:110-119
野生動物保護学会編　二〇一〇『野生動物保護の辞典』朝倉書店
柳田國男　一九九〇『柳田國男全集19』ちくま文庫
山田明義　二〇〇八「植物とともに生きている菌類：菌根共生」国立科学博物館編『菌類のふしぎ』東海大学出版会
山田文雄　二〇一五「南西諸島の固有哺乳類の現状と保全に向けた課題」日本生態学会編『エコロジー講座

8　南西諸島の生物多様性　その成立と保全』南方新社　pp.30-37
山原猪研究会　一九九四『ヤンバル猪研究会会報１　ウーガチー奥特集』山原猪研究会
楊智凱ほか　二〇一四『臺灣的殼斗植物―櫟足之地』行政院農業委員會林務局
遊川知久　二〇一四「菌従属栄養植物の系統と進化」『植物科学最前線』　5:85-92
与論町史編集委員会　一九八八『与論町史』与論町教育委員会
琉球政府編　一九六五『沖縄県史11　上杉県令関係日誌（復刻）』国書刊行会

Allen D. et al. A new species of Gallirallus from Calayan Island, Philippins. Forktail 20 : 1-7

Azuma Y. 2007 Three new species of fossil terrestrial Mollusca from fissure deposits within the Ryukyu Limestone in Okinawa and Yoron Island ,Japan. Paleontological research 11(3) :231-249

Kirchman J.J. 2007 New species of extinct rails (Aves: Rallidae) from archaeological site in the Marquesas Islands, French Polynesia. Pacific Science 61(1) : 145-163

Matuoka H. 2000 The late Pleostocene fossil birds of the central and southern Ryukyu Islands, and their zoogeographical implications for the recent avifauna of the archipelago. Tropicus 10 (1) :165-188

Nakamura Y. et al. Late Pleistocene-Holocene amphibians from Okinawa Island in the Ryukyu Archipelago, Japan: Reconfirmed faunal endemicity and Holocene range collapse of forest-dwelling species. Electoronica 18.1.1A:1-26

Naruse T. et al. 2004 A first fossil record of the terrestrial crab Geothelphusa tenuimanus (Miyake & Minei, 1965) (Decapoda,Brachyura,Potamidae)from Okinawa Island, Central Ryukyus, Japan. Crustaceana 76(10) : 1211-1218

Nickoh N. et al. 2000 Interkingdom host jumping underground: Phylogenetic analysis of entomoparasitic fungi of the genus Cordyceps. Molecular Biology and Evolution 17:629-638

Suzuki H. et al. 2000 A molecular phylogenetic framework for the Ryukyu endemic rodents Tokudaia osimensis and Diplothirix legata. Molecular Phylogenetics and Evolution 15(1):15-24

Spennemann D.H.R. Extinctions and extirpations in Marshall Island avifauna since European contact-a review of historic evidence. Micronesica 38 (2) : 253-266

Stedman D.W. 1995 Prehistoric extinction of Pacific Islands birds: Biodiversity meets zooarchaeology. Science 267:1123-1131

Ziegler A.C. 2002 Hawaiian natural history, ecology, and evolution. University of Hawai`I Press

〈著者略歴〉

盛口　満（もりぐちみつる）。エッセイイスト。イラストレイター。1962年千葉県に生まれる。1985年より自由の森学園中・高等学校の理科教員として生物を担当。2000年同校を退職した後、沖縄の珊瑚舎スコーレの活動にかかわる。現在、沖縄大学人文学部こども文化学科教授。著書に『骨の学校』（木魂社）『雨の日は森へ』（八坂書房）『自然を楽しむ　見る・描く・伝える』（東京大学出版会）ほか。共著に『ソテツをみなおす　奄美・沖縄の蘇鉄文化誌』（安渓貴子ほか編　ボーダーインク）ほかがある。

宮城邦昌（みやぎくにまさ）1948年沖縄県に生まれる。元気象庁職員。シシ垣ネットワーク会員、やんばる学研究会員、沖縄学地理学会員。元在那覇奥郷友会長。主な著書に『日本のシシ垣』（高橋春成編、分担執筆　古今書院）『シークヮーサーの知恵—奥・やんばるの「コトバ—暮らし—生きもの環」』（大西正幸共著　京都大学学術出版会）などがある。

やんばる学入門
沖縄島・森の生き物と人々の暮らし

定価　本体一八〇〇円（税別）
©二〇一七年四月二五日　初版第一刷発行
著　者　盛口　満＋宮城邦昌
発行者　鈴木和男
発行所　株式会社　木魂社
東京都千代田区神田神保町二ノ二八
電話　〇三（三二三七）七五七六
振替　〇〇一八〇—四—四四九六四
装丁・組版　四月社
印刷所　壮光舎印刷株式会社
ISBN　978-4-87746-119-5
URL　http://www.h4.dion.ne.jp/~kodama

盛口　満＋安田　守

骨の学校

ぼくらの骨格標本のつくり方

「骨って美しい……」海岸で骨を拾い、あるいは事故死した動物の骨を取り、骨を継いで骨格標本をつくる。骨の怪しい魅力にとりつかれた生徒達と二人の生物教師、ゲッチョ先生こと盛口先生と安田先生が、骨取り、骨継ぎ、骨拾いに明け暮れ、ついに理科準備室が骨部屋と化す十五年間の騒動記。

本体 1700 円

小林誠彦

フクロウになぜ人は魅せられるのか

わたしのフクロウ学

ひたすらフクロウを追い求めているとフクロウ目になってくる。街の中でも、看板に描かれたフクロウ、置物のフクロウ、ストラップに付いた飾りのフクロウが目に飛びこんでくる。人はなぜフクロウに惹かれるのか。生態的、イメージ的、博物的に新しい発見に満ち満ちた待望の「フクロウ学」。

本体 1700 円

盛口　満

生き物屋図鑑

世の中には「生き物屋」と称される人種がいる。ゲッチョ先生こと盛口先生はひたすら「骨」を追う「骨屋」であるけれども、それこそ星の数ほどもいる生き物一つ一つに「生き物屋」が張りついているのである。「わたしの生き物屋見聞録」とでもいうべき本書は、一線を越えてしまった「生き物屋」のあやしい生態を、5章40アイテムで綴る抱腹のエッセイ。

本体 1700 円